普通高等教育"十二五"规划教材

工科物理实验

主 编 黄 东
副主编 杨铁柱 赖晓磊

北京邮电大学出版社
·北京·

内 容 简 介

本书共分为四章。第一章介绍误差的基本知识和物理实验的基本方法。第二章是工科各专业通适的力学、热学、电磁学和光学的基础性实验。第三章工科综合性实验是普通物理实验在工科教育上的扩展，在实验目标和仪器操作方面有较强的专业针对性，综合了物理学和工程学的方法和技术，不同专业应根据各自的情况选取不同的内容，为学生尽早熟悉专业知识打下基础，这也是应用型工科大学提高学生技术能力的一个举措。第四章模拟实验，它是为被研究的对象建立一个数学模型，通过对该模型的研究来推测所模仿对象的性质并用计算机仿真的方法进行处理。这里利用麻省理工学院的公开课件模拟电磁现象变化，相应安排了一组实验，对学生深入理解电磁学规律很有裨益。

本书可作为普通高等学校工科本科专业物理实验教学用书，也可供其他专业人员参考。

图书在版编目(CIP)数据

工科物理实验/黄东主编. -- 北京：北京邮电大学出版社，2015.8(2016.8重印)
ISBN 978-7-5635-4382-3

Ⅰ.①工⋯ Ⅱ.①黄⋯ Ⅲ.①物理学—实验—高等学校—教材 Ⅳ.①O4-33

中国版本图书馆CIP数据核字(2015)第121209号

书　　名	工科物理实验
主　　编	黄　东
责任编辑	韩　霞
出版发行	北京邮电大学出版社
社　　址	北京市海淀区西土城路10号(100876)
电话传真	010-82333010　62282185(发行部)　010-82333009　62283578(传真)
网　　址	www3.buptpress.com
电子信箱	ctrd@buptpress.com
经　　销	各地新华书店
印　　刷	北京泽宇印刷有限公司
开　　本	787 mm×960 mm　1/16
印　　张	11
字　　数	238千字
版　　次	2015年8月第1版　2015年8月第2次印刷

ISBN 978-7-5635-4382-3　　　　　　　　　　　　　　定价：29.50元

如有质量问题请与发行部联系

版权所有　侵权必究

前　言

物理实验是物理理论的基石,物理实验课是工科教育中第一个重要的实践课程,培养科学的作风、扩展应用内容、提高教学效率一直是许多同仁追求的目标。将基础的实验内容工程化、将实验仪器集成化悄然地改变着物理实验教学的面貌。市场常见的实验仪不仅高度集成,往往还有数字化和智能化的特点,简化了学生的操作和读数的麻烦,从不同的角度看有迥异的褒贬。但是,这样做使用方便和贴近现实是不容置疑的。在高等教育大众化浪潮的席卷下,迫于学时限制我们被动地接受了这种现状。

在高成本和高难度的实验领域仿真实验是不可或缺的,但在基础实验领域就无人问津了。不过,作为一种教学工具,在某些无法实现的基础实验领域里引入仿真实验也有人取得了成功,麻省理工学院公开课程中的电磁学课件就是一个典范。我们遵循共享版权的原则将其应用在教学中,安排了三个模拟实验,这对学生开拓视野、提高学习兴趣、准确掌握知识和降低教学成本都是有益的。

实验内容新了一点,专用仪器多了一点,少量引入了模拟实验,这三点小小的改动催生了这本教材。我们既不想放弃物理实验的基础地位,又要想贴近工程技术需要,还要兼顾新建本科高校的特点,这对青年教师来说的确是一个挑战。他们只能先从模仿做起,边教边学。尽管还有挂一漏万和力不从心之处,但毕竟已经经历了三个循环的实践,总结了一些经验,多少有些进步。现在整理出来服务于学生,也是对大家努力探索的肯定。本书的出版对工科院校的物理实验教学也提供了一个参考。

参加编写的有:郑州科技学院物理教研室的张志强(物理实验的基础知识、实验十一、二十六、二十七、二十八),杨铁柱(实验四、八、十、二十五、二十九、三十),孟书生(实验五、七、二十、二十一、二十四),赖晓磊(实验二、六、十二、十三、十七),张瑞瑞(实验一、三、十四),黄东(实验三十一、三十二、三十三),王秀珍(实验九、十五),苏明(实验十八),中原工学院信息商务学院的祝启涛(实验十六、十九、二十二、二十三)。苏明提供照片和修图,杨铁柱参加了编写的组织工作,由黄东统稿。魏山城教授、张逸民教授、陈志伟教授给予了指导,河南广播电视大学的訾磊、土辉提供了课件本土化和网络的技术支持,在此一并感谢!

由于时间仓促、水平有限,缺点及谬误之处难免,还望大家不吝指教,以期改正。

黄　东

2015 年 5 月

目　录

第一章　物理实验的基础知识 …………………………………………………… 1
　第一节　测量与误差的基本概念 ………………………………………………… 1
　第二节　测量结果的评定和不确定度 …………………………………………… 6
　第三节　有效数字及其运算法则 ………………………………………………… 10
　第四节　常用实验数据处理方法 ………………………………………………… 13
第二章　基础性实验 ………………………………………………………………… 18
　实验一　扭摆法测定物体转动惯量 ……………………………………………… 18
　实验二　空气比热容比的测定 …………………………………………………… 24
　实验三　热导率的测定 …………………………………………………………… 28
　实验四　惠斯通电桥 ……………………………………………………………… 32
　实验五　电表的改装与校准实验 ………………………………………………… 37
　实验六　用电位差计测电源电动势 ……………………………………………… 43
　实验七　电场的描绘 ……………………………………………………………… 47
　实验八　学习使用示波器 ………………………………………………………… 51
　实验九　霍尔效应实验 …………………………………………………………… 59
　实验十　用牛顿环测定透镜的曲率半径 ………………………………………… 65
　实验十一　分光计的调节与使用 ………………………………………………… 69
　实验十二　迈克耳孙干涉仪实验 ………………………………………………… 75
第三章　工科综合性实验 …………………………………………………………… 78
　实验十三　拉脱法测液体表面张力系数 ………………………………………… 78
　实验十四　共振法测定金属材料杨氏模量 ……………………………………… 84
　实验十五　声速综合测定实验 …………………………………………………… 89
　实验十六　落针法测量液体黏滞系数 …………………………………………… 97
　实验十七　电阻元件的伏安特性 ………………………………………………… 101
　实验十八　非平衡电桥 …………………………………………………………… 104
　实验十九　数字万用表的搭建 …………………………………………………… 108

实验二十　测定螺线管轴向磁感应强度的分布 …………………………… 111
实验二十一　铁磁材料的磁滞回线和基本磁化曲线 ………………………… 116
实验二十二　电子束的电偏转与磁偏转 ……………………………………… 122
实验二十三　电子射线的电磁聚焦及电子荷质比的测定 …………………… 129
实验二十四　用位置传感器测量玻璃的折射率 ……………………………… 134
实验二十五　劈尖干涉的应用 ………………………………………………… 138
实验二十六　利用分光计测量三棱镜的顶角 ………………………………… 141
实验二十七　最小偏向角法测三棱镜的折射率 ……………………………… 144
实验二十八　衍射光栅测光波波长 …………………………………………… 147
实验二十九　偏振光的观察与研究 …………………………………………… 152
实验三十　物质旋光性的研究 ………………………………………………… 156

第四章　模拟实验 ……………………………………………………………… 159
实验三十一　描绘电场或磁场的纹理图形 …………………………………… 160
实验三十二　电磁感应现象 …………………………………………………… 163
实验三十三　一组电磁学远程模拟实验 ……………………………………… 167

第一章 物理实验的基础知识

在物理实验中,通常要进行大量的数据测量,这些测量的数据有些比较精确,有些则与真实值有较大的误差,有些有明显的统计涨落。因此,需要运用误差理论对实验数据进行处理并对实验结果作出正确的评价。本章简单介绍测量误差、不确定度的一些基本知识、有效数字的记录与运算以及数据处理的常用方法。这一部分,是大学物理实验前的基础知识,在以后的每次实验中都要用到,它也是从事科学实验工作所必须掌握的。

第一节 测量与误差的基本概念

一、测量

在物理实验中,为了研究各物理量之间的规律,需要进行测量。所谓测量,就是把待测量与标准量进行比较,确定出待测量的是标准量的多少倍。例如,测量一物体的长度,就是将该物体(待测物)与刻度尺(标准量)比较,从而得出测量值。测量值由数值和单位组成,二者缺一不可。

在国际单位制(SI)中,质量的单位为 kg(千克),长度的单位为 m(米),时间的单位为 s(秒),电流的单位为 A(安培),热力学温度的单位为 K(开尔文),物质的量的单位为 mol(摩尔),发光强度的单位为 cd(坎德拉),它们称为 SI 基本单位,其他单位均可由基本单位导出,故称为导出单位。本教材采用国际单位制。

测量可分为直接测量和间接测量。

用仪器可以直接读出测量值的测量称为直接测量。例如,用钢直尺测长度,用温度计测温度,用电压表测量电压等都是直接测量,所得的物理量称为直接测量值。

许多情况下,我们需要利用一些函数关系由直接测量值计算出所要求的物理量,这样的测量称之为间接测量,这些物理量称之为间接测量值。例如,求一个矩形的面积,可通过测量矩形的长 a 和宽 b,再通过公式 $S=a\times b$ 求得。公式中的 a 和 b 是直接测量值,而 S 就是间接测量值。

二、误差

被测物理量所具有的客观实际值称为真值。在对某物理量进行测量时,由于仪器、实验环境、实验方法、实验技术等因素的局限,测量结果与客观实际值之间总有一定的差异。为了描述测量过程中这样的差异,就引入了误差的概念。

误差就是测量值与真值之差。

误差反映了测量结果偏离真值的大小和方向,也叫绝对误差。测量误差可以用绝对误差表示,也可以用相对误差表示。我们设某物理量的测量值为 x,该物理量的真实值为 x_0,则绝对误差可表示为

$$\Delta x = x - x_0 \tag{1-1}$$

绝对误差可正可负,它表示测量值偏离真值的大小和方向。

绝对误差与真值之比叫相对误差,相对误差表示测量结果的准确程度。一般用百分数给出

$$E = \left| \frac{\Delta x}{x_0} \right| \times 100\% \tag{1-2}$$

被测量值的真值是一个理想概念,一般而言,真值是不确知的。有时候为了某种目的,可以用约定真值代替真值来求误差。所谓约定真值,就是被认为非常接近真值的值,它们之间的差别可忽略不计。无系统误差条件下的算术平均值、标准值、理论值、公认值等均可作为约定真值使用。

三、误差的种类

根据误差产生的原因不同,可以把误差分为系统误差和随机误差两类。

1. 系统误差

在一定条件下对同一被测量进行多次测量时,如果测量误差的大小和符号恒定不变,或者按某一确定规律变化,这类误差称为系统误差,其特点为确定性。

系统误差产生的原因是多种多样的,主要原因可归结为以下几个方面。

(1) 理论误差,即实验理论和实验方法不完善带来的误差。由于测量所依据的理论、公式本身的近似性,或测量方法所带来的误差。

(2) 仪器误差,任何仪器都有一定的灵敏域,即实验仪器不精确或实验条件不能达到要求造成的误差。例如,由于仪器本身结构造成的误差,以及由于仪器未经很好的校准,或是仪器使用偏离规定条件而造成的误差。

(3) 环境误差,即环境条件变化所引起的误差。例如,温度、气压、电压的变化对测量结果带来的影响等。

(4) 人为误差,实验者产生的误差。例如,不同实验者由于本身素质不同在操作仪器及估读读数时一些习惯行为造成测量结果的某种偏离。

系统误差的出现一般是有规律的,多次测量会发现结果偏向某一边,因此,系统误差不能通过多次测量来消除,必须找到产生系统误差的原因,针对性地采取措施,才能消除系统误差的影响。通常的做法是:首先需要对整个实验的原理、方法、测量步骤、所用仪器等可能引起误差的因素逐个进行分析,查出产生系统误差的来源;其次通过改进实验方法和实验装置,校准仪器等方法对系统误差进行补充或抵消;最后,在数据处理中对测量结果进行理论上的修正,以消除或尽可能减小系统误差。发现、减小和估计系统误差是一个困难的任务。

2. 随机误差

在同一条件下对同一被测量进行多次测量,如果其误差的大小和方向都不确定,但呈现一定的统计规律,这类误差称为随机误差。

随机误差的特点是在相同的条件下,对同一物理量作多次测量,其测量值有时偏大,有时偏小,且每次偏大或偏小是偶然的,但当测量次数足够大时,随机误差服从正态分布的统计规律,其特点如下。

(1)有界性:绝对值很大的误差出现的机会为零,说明可以用一定的范围来描绘这类误差。

(2)单峰性:绝对值小的误差比绝对值大的误差出现的机会多,说明这类误差不可能出现多个极大值。

(3)对称性:正负误差出现的机会均等,说明可以用取平均值的方法减小这类误差。

由随机误差的特点,可以用多次测量的算术平均值表示测量结果可以减小随机误差的影响。

四、随机误差的估算

随机误差服从正态分布规律,正态分布在数学上可用高斯分布函数来描述

$$f(\delta)=\frac{1}{\sigma\sqrt{2\pi}}e^{-\frac{\delta^2}{2\sigma^2}} \quad (1-3)$$

式中,$f(\delta)$为概率密度函数,即误差值δ在其附近单位区间内出现的概率,$\delta=x-x_0$为测量值的误差,表示在一定条件下随机误差的离散程度。

高斯分布曲线如图1所示。横坐标表示误差值,纵坐标表示概率密度的大小。坐标原点相当于$\delta=0$,对应着真值x_0的位置。曲线下的面积为1,表示包含所有可能的情况。

式(1-3)中的参量σ,称为标准误差(或均方根误差)。由概率密度分布函数的定义式,可以计算出随机误差出现在$[-\sigma,+\sigma]$区间的概率

$$P=\int_{-\sigma}^{+\sigma}f(\delta)\mathrm{d}\delta=0.683 \quad (1-4)$$

同样可以计算,随机误差出现在$[-2\sigma,+2\sigma]$和$[-3\sigma,+3\sigma]$区间的概率分别为

$$P=\int_{-2\sigma}^{+2\sigma}f(\delta)\mathrm{d}\delta=0.955 \quad (1-5)$$

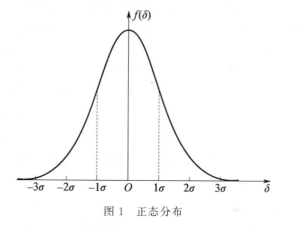

图 1 正态分布

$$P = \int_{-3\sigma}^{+3\sigma} f(\delta)\mathrm{d}\delta = 0.997 \tag{1-6}$$

以上三式所表示的积分面积如图 2 所示。

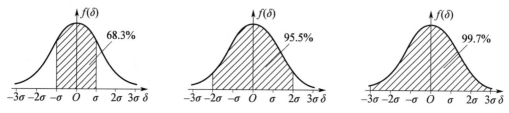

图 2 误差出现在不同区间的概率值

通过以上的分析可以得出标准误差 σ 所表示的概率意义。对物理量 x 任作一次测量时,测量误差落在 $-\sigma \sim +\sigma$ 之间的概率为 68.3%,落在 $-2\sigma \sim +2\sigma$ 之间的概率为 95.5%,落在 $-3\sigma \sim +3\sigma$ 之间的概率为 99.7%,几乎囊括了全部可能,因此我们将 3σ 作为随机误差的界限。由于标准误差 σ 具有这样明确的概率含义,因此,已普遍采用标准误差作为评价测量优劣的指标。

σ 的大小确定高斯分布曲线的形状,如图 3 所示。σ 大,表明随机误差离散程度大,测量的精密度低,曲线形状低而宽;σ 小,曲线形状高而窄,说明测量的结果很集中。因而参量 σ 用来量度测量的精密度。

实际测量的次数 n 是不可能达到无穷大的,在对物理量 x 进行的有限次测量的情况下,可根据随机误差的对称性,即在相同的测量条件下对同一物理量进行多次重复测量,用算术平均值 $\bar{x}$ 作真值 x_0 的最佳估计值。

$$\bar{x} = \frac{\sum_{i=1}^{n} x_i}{n} \tag{1-7}$$

可以证明,当测量次数为有限次时,可以用标准偏差 S_x 作为标准误差 σ 的估计值。S_x

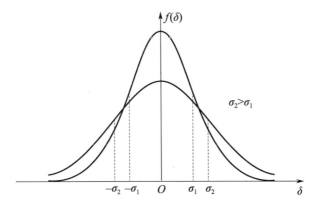

图 3　标准误差大小确定高斯分布曲线的形状

的计算公式如下：

$$S_x = \sqrt{\frac{\sum_{i=1}^{n}(x_i - \bar{x})^2}{n-1}} \tag{1-8}$$

有时也简称 S_x 为标准差,它具有与标准误差 σ 相同的概率含义。式(1-8)称为贝赛尔公式,在实际测量中经常用到它。一般情况下,对 x 进行不同组的有限次测量,各组结果的算术平均值是不会相同的。可以证明,平均值的标准偏差为 S_x 的 $1/\sqrt{n}$,即

$$S_{\bar{x}} = \frac{S_x}{\sqrt{n}} = \sqrt{\frac{\sum_{i=1}^{n}(x_i - \bar{x})^2}{n(n-1)}} \tag{1-9}$$

第二节　测量结果的评定和不确定度

测量的目的不但要得到待测量的值,而且要对这个测量值的可靠性作出评定,即给出误差的范围。由于真值无法确定,也就无法确定误差的大小,因此,实验数据处理只能根据实验测量数据的最佳估计值估算其不确定度。

在测量过程中,测量误差是普遍存在的。各种误差因素必然导致测量结果偏离真值,即测量结果具有一定的不确定性。为了对测量结果的这种不确定程度进行定量的估计,需要引入一个新的概念——不确定度。1993年,国际计量局(BIPM)等七个国际组织正式发布了《测量不确定度表示指南》,简称 GUM。指南中规范了各领域中测量不确定度计算和表达的方法。我国自 1999 年 5 月 1 日起实施 GUM,科学、准确、规范地表示测量结果。

测量不确定度是与测量结果相联系的参数,表征合理的赋予被测量值的分散性。它反映测得值附近的一个范围,真值以一定的概率落在其中。不确定度越小,标志着误差的可能值越小,测量的可信赖程度越高;不确定度越大,标志着误差的可能值越大,测量的可信赖程度越低。测量不确定度是测量质量的一个极其重要的指标。

由于误差来源不同,一个直接测量的不确定度会有很多分量,按获得的方法可把这些分量分为 A 类不确定度和 B 类不确定度。

一、A 类标准不确定度(u_A)

凡是可以通过统计方法来计算不确定度的称为 A 类不确定度。计算 A 类不确定度必须对被测量进行多次测量,然后对测量所得的一系列测量数据用统计分析的方法算出其标准偏差,从而得出 A 类不确定度 u_A。

在相同条件下进行 n 次测量,测量值为 $x_i (i=1,2,\cdots,n)$。其算术平均值为

$$\bar{x} = \frac{1}{n}\sum_{i=1}^{n} x_i$$

结果的标准偏差为

$$S_x = \sqrt{\frac{1}{n-1}\sum_{i=1}^{n}(x_i-\bar{x})^2}$$

结果算术平均值的标准偏差为

$$S_{\bar{x}} = \frac{S_x}{\sqrt{n}} = \sqrt{\frac{1}{n(n-1)}\sum_{i=1}^{n}(x_i-\bar{x})^2} \tag{1-10}$$

通常情况下的测量结果用其算术平均值 $\bar{x}$ 表示,那么 $\bar{x}$ 所对应的 A 类不确定度表示为

$$u_A = S_{\bar{x}} \tag{1-11}$$

二、B 类标准不确定度(u_B)

凡是不能用统计方法计算的不确定度称为 B 类不确定度。用与标准差表示方法类似的方法的表示 B 类不确定度,用 u_B 表示。

B 类不确定度一般有多个分量 $u_{B1}, u_{B2}, \cdots$,它们一般均与一定的系统误差相联系。这些分量不能用统计方法得出,因此只能根据具体情况进行估算。对 B 类不确定度的评定,有的依据仪器说明书或鉴定书,有的依据仪器的准确度等级,有的则粗略地依据仪器的分度值或经验确定。许多情况下 B 类不确定度简化为仪器误差 Δ,因此

$$u_B = \Delta \tag{1-12}$$

值得注意的是,这种表述不是严格的,但本书按照上述方法处理 B 类不确定度。

三、合成不确定度(C 类不确定度)(u_C)

测量结果所包含 A 类标准不确定度和 B 类标准不确定度,则合成标准不确定度为

$$u_C = \sqrt{u_A^2 + u_B^2} \tag{1-13}$$

四、测量结果不确定度估算及表示

1. 用不确定度表示测量结果的准确程度

在得到了测量值和计算出合成不确定度后,通常要写成下列形式:

$$N = N' \pm u_C \ (P = 0.683) \tag{1-14}$$

$$E = \left| \frac{u_C}{N'} \right| \times 100\% \tag{1-15}$$

上式称为测量结果表达式。其中 N 为真值,N' 为测得值。P 是置信概率,其物理意义是:真值在 $(N' - u_C) \sim (N' + u_C)$ 范围内的置信概率是 68.3%。可以写成 $N = N' \pm 2u_C$,$N = N' \pm 3u_C$ 等。它们的物理意义就成为:真值在 $(N' - 2u_C) \sim (N' + 2u_C)$ 或 $(N' - 3u_C) \sim (N' + 3u_C)$ 范围内的置信概率为 95.5% 或 99.7%。在实际测量中,要准确得到概率是比较困难的,实际概率是以上理论概率的近似。

在实验结果表示中,一般采用式(1-14)和式(1-15)。

2. 直接测量结果的不确定度估算

1)单次测量

在实际测量中,遇到不能进行(或不需要)多次测量的量,把测量值 x_1 作为该物理量的值,取仪器误差限 Δ 作为测量的不确定度,即

$$x = x_1 \pm \Delta \tag{1-16}$$

相对不确定度:

$$E = \left| \frac{\Delta}{x_1} \right| \times 100\% \tag{1-17}$$

仪器误差一般根据生产厂家仪器说明书规定的示值误差或准确等级来确定。例如,50 分度的游标卡尺,测量范围在 0~300 mm 内,示值误差为±0.02 mm,则仪器误差 $\Delta=0.02$ mm;量程为 150 mA,0.5 级的电流表的允许误差限为 0.75 mA(磁电式电表误差=量程×级别%),则仪器误差 $\Delta=0.75$ mA。

在物理实验中还可以简化约定一些仪器的误差限,即取其最小刻度的二分之一,如米尺 $\Delta=0.5$ mm 等。

2) 多次等精度直接测量的处理

通常,我们在实验中都是多次测量,这样的情况下,我们用多次测量结果的算术平均值作为真值的最佳估计值,不确定度为 $u_C=\sqrt{u_A^2+u_B^2}$。结果表示为

$$x=\bar{x}\pm u_C$$

$$E=\left|\frac{u_C}{\bar{x}}\right|\times 100\% \tag{1-18}$$

例 1 用螺旋测微器测量小钢球的直径,七次的测量值分别为 $d(\text{mm})=11.916$、11.926、11.916、11.927、11.927、11.916、11.928,螺旋测微器的仪器误差为 $\Delta=0.004$ mm,试写出测量结果的标准式。

解 求直径 d 的算术平均值:

$$\bar{d}=\frac{1}{n}\sum_{i=1}^{n}d_i=\frac{1}{7}(11.916+11.926+11.916+11.927+11.927+11.916+11.928)\text{ mm}$$
$$=11.922\text{ mm}$$

计算 B 类不确定度:

螺旋测微器的仪器误差为 $\Delta=0.004$ mm,则有

$$u_B=\Delta=0.004\text{ mm}$$

计算 A 类不确定度:

$$u_A=S_{\bar{x}}=\sqrt{\frac{\sum_{i=1}^{n}(x_i-\bar{x})^2}{n(n-1)}}=\sqrt{\frac{(11.916-11.922)^2+(11.926-11.922)^2+\cdots}{7\times(7-1)}}$$
$$=0.002\text{ mm}$$

合成不确定度:

$$u_C=\sqrt{u_A^2+u_B^2}=0.005\text{ mm}$$

测量结果表示为

$$d=(11.922\pm0.005)\text{mm}$$

$$E=\frac{u_C}{\bar{d}}\times100\%=0.042\%$$

3. 间接测量的不确定度的计算及结果表示

间接测量值和合成不确定度是由直接测量结果通过函数计算得出的,既然直接测量有

误差,那么间接测量也必有误差,这就是误差的传递。由直接测量值及其误差来计算间接测量值的误差之间的关系式称为误差的传递公式。

设 N 为某一间接测量量,$x,y,z,\cdots$ 为 K 个直接测量量,其函数形式可表示为

$$N = f(x,y,z,\cdots) \quad (1\text{-}19)$$

假定直接测量量之间彼此独立,对式(1-19)全微分后有绝对误差的传递公式:

$$\mathrm{d}N = \frac{\partial f}{\partial x}\mathrm{d}x + \frac{\partial f}{\partial y}\mathrm{d}y + \frac{\partial f}{\partial z}\mathrm{d}z + \cdots \quad (1\text{-}20)$$

如果先对式(1-19)取对数后再进行全微分,则有相对误差的传递公式:

$$\frac{\mathrm{d}N}{N} = \frac{\partial \ln f}{\partial x}\mathrm{d}x + \frac{\partial \ln f}{\partial y}\mathrm{d}y + \frac{\partial \ln f}{\partial z}\mathrm{d}z + \cdots \quad (1\text{-}21)$$

上面微分式中,$\mathrm{d}x,\mathrm{d}y,\mathrm{d}z,\cdots$ 可视为自变量的微小变化量(增量),$\mathrm{d}N$ 是由于自变量微小的变化引起函数的微小变化量(函数增量)。

不确定度都是微小的量(与测量值相比),与微分式中的增量相当。只要把微分式中的增量符号 $\mathrm{d}N,\mathrm{d}x,\mathrm{d}y,\mathrm{d}z,\cdots$ 换成不确定度的符号 $u,u_x,u_y,u_z,\cdots$ 再采用"方和根"合成方式后就可以得到不确定度的传递公式了。如果各直接测量量的不确定度相互独立,则用"方和根"合成后得到的不确定度的传递公式如下:

$$u_N = \sqrt{\left(\frac{\partial f}{\partial x}\right)^2 u_x^2 + \left(\frac{\partial f}{\partial y}\right)^2 u_y^2 + \left(\frac{\partial f}{\partial z}\right)^2 u_z^2 + \cdots} \quad (1\text{-}22)$$

$$\frac{u_N}{N} = \sqrt{\left(\frac{\partial \ln f}{\partial x}\right)^2 u_x^2 + \left(\frac{\partial \ln f}{\partial y}\right)^2 u_y^2 + \left(\frac{\partial \ln f}{\partial z}\right)^2 u_z^2 + \cdots} \quad (1\text{-}23)$$

式(1-22)用于和差形式的函数比较方便,式(1-23)用于积商形式的函数比较方便。

常用函数采用"方和根"合成的传递公式如表1所示。

表1 常用函数不确定度的传递公式

函数表达式	传递公式	函数表达式	传递公式
$N = x \pm y$	$u_N = \sqrt{u_x^2 + u_y^2}$	$N = \sqrt[k]{x}$	$\dfrac{u_N}{N} = \dfrac{1}{k}\dfrac{u_x}{x}$
$N = kx$	$u_N = k u_x$	$N = \sin x$	$u_N = |\cos x| u_x$
$N = xy$ 或 $N = \dfrac{x}{y}$	$\dfrac{u_N}{N} = \sqrt{\left(\dfrac{u_x}{x}\right)^2 + \left(\dfrac{u_y}{y}\right)^2}$	$N = \ln x$	$u_N = \dfrac{u_x}{x}$
$N = \dfrac{x^k y^m}{z^n}$	$\dfrac{u_N}{N} = \sqrt{k^2\left(\dfrac{u_x}{x}\right)^2 + m^2\left(\dfrac{u_y}{y}\right)^2 + n^2\left(\dfrac{u_z}{z}\right)^2}$		

第三节　有效数字及其运算法则

一、有效数字的基本概念

从数据左起第一位非零数字起,到右边的全部数字称为有效数字。在测量结果中是由可靠(准确)数字和一位可疑(欠准)数字组成有效数字。

一般来讲,从仪器上准确读出的数字是可靠数字,误差所在位的估读数字是可疑数字。

例如,用一最小分度为毫米的米尺,测量一物体的长度为 5.46 cm,其中 5 和 4 是准确读出的,而末位"6"是估读得来的(也可能是 5 或 7),误差也在这一位,因此是不可靠的,叫作可疑数字。在测量的值中,还是保留它,因它还是近似地反映了这一位大小的信息。

有效数字的特点如下。

(1)有效数字的位数与小数点的位置无关,决定于仪器的精度。

例如,5.46 cm=0.054 6 m=0.000 054 6 km。

尽管小数点的位置不同,但它们都是 3 位有效数字。即有效数字位数与十进制单位的变换或小数点位置无关。

(2)有效数字位数越多,测量精度越高。

用不同精度的仪器去测量会有不同的有效数字,上述物体如果用 50 分度游标卡尺测量为 5.464 cm,用螺旋测微器测量则为 5.464 0 cm,有效数字位数越多,测量准确度就越高,有效位数不能随意增减。

(3)"0"在数字中间或后面为有效数字(在数字前面不算)。

如 0.204 为 3 位有效数字,0.204 0 为 4 位有效数字。

(4)特大或特小数用科学记数法(小数点前只取一位非零数字)。

当结果中的数字很大或者很小时,要用科学计数法表示,如物体宽度为 0.000 150 m 可表示为 1.50×10^{-4} m。

二、测量仪器读数的有效数字

读数的一般规则是:读至产生误差的那一位,未给出误差或不明确的就读至仪器最小分度的下一位。

(1)分度式仪器。读数要读到最小分度的 1/10,有些指针式仪表,分度较窄,指针较宽(大于分度的 1/5),可读到最小分度的 1/2～1/3。

例如,用毫米分度的米尺测量长度,由于该仪器的误差不明确,读数时应读至米尺的最小分度(mm)的下一位,即 1/10 mm 位。比如,在 24 mm 与 25 mm 之间就应当读为 24 点几毫米；如果正好在 24 mm 刻度上，就应当读为 24.0 mm。

（2）数字仪器的有效位数为仪表显示值，均为有效数字。

总之，读数前应先搞清该仪器的误差所在位，然后按规则读数就能正确确定测量仪器上的有效数字了。

三、有效数字的运算

根据不确定度确定测量及运算结果的有效数字是处理有效数字问题的基本原则。但是在不计算不确定度的情况下，通常可按以下规则粗略得到运算结果的有效数字。

1. 有效数字取舍（修约）原则

小于 5 则舍，大于 5 则入，等于 5 则把前位凑偶数。

例 2 将下面的数据修约成 4 位有效数字。

3.141 69→3.142　　　5.623 5→5.624

2.717 29→2.717　　　3.612 50→3.612

2. 加减运算

加减运算后的有效数字，结果的有效数字末位应与参与运算各数据中误差最大的末位对齐。

例 3　$20.\overline{1}+4.17\overline{8}=24.\overline{2}\,7\,\overline{8}=24.\overline{3}$

$19.6\overline{8}-5.84\overline{8}=13.8\overline{3}\,\overline{2}=13.83$

3. 乘除运算

进行乘除运算时，其运算后结果的有效数字一般以参与运算各数中的有效数字位数最少的为准。

例 4　$4.17\overline{8}\times 10.\overline{1}=42.\overline{1}\,9\,\overline{7}\,\,\overline{8}=42.\overline{2}$

$$\frac{4.178\times 10.1}{10.00}=4.22$$

4. 乘方与开方

乘方与开方类似于有效数字位数相同的数相乘除，故结果的有效数字与其底或被开方数的有效数字位数相同。

例 5　$7.88\overline{9}^2=62.2\overline{4}$

$22\overline{5}^2=5.0\overline{6}\times 10^4$

$\sqrt{22\overline{5}}=15.\overline{0}$

$\sqrt{103.4\overline{5}}=10.17\overline{1}$

5. 函数运算

一般来说，对函数运算，可以用全微分的方法求出该函数的误差传递公式，再将直接测量值的不确定度代入公式,以确定函数运算结果的有效数字的位数。若测量值没有标明不确定度,则取测量值的最后一位数字的一个单位作为不确定度。

下面用两个例子来说明。

例 6 已知 $x=20°6'$,求 $Y=\sin x$。

解 对 $\sin x$ 求微分:
$$d(\sin x)=\cos x \cdot dx$$

将 $x=20°6'$,不确定度 $dx=1'$ 代入,求得
$$d(\sin x)=\cos 20°6' \times 1'=\cos 20°6' \times \frac{\pi}{180 \times 60}=0.000\ 273\ 1$$

若不确定度取一位,则 $\sin x$ 应保留到小数点后四位,故
$$Y=\sin 20°6'=0.343\ 7$$

例 7 已知 $x=18.02$,求 $Y=\ln x$。

解 对 $\ln x$ 求微分:
$$d(\ln x)=\frac{1}{x} \cdot dx$$

将 $x=18.02$,不确定度 $dx=0.01$ 代入,求得
$$d(\ln x)=\frac{1}{18.02} \times 0.01=0.000\ 554\ 9$$

若不确定度取一位,则 $\ln x$ 应保留到小数点后四位,故
$$Y=\ln 18.02=2.891\ 5$$

6. 自然数与常量

由于自然数不是由测量得到的,不存在误差,故有效数字是无穷多位。如圆的直径是半径的 2 倍,$D=2R$ 中的"2",有效数字就是无穷多位而不是一位。

在运算过程中的一些常量,如 π、e 等,它们取的位数可与参加运算的量中有效数字最少的位数相同或多一位。

可见,测量值的有效数字及其运算是每一个实验都要遇到的问题,因此实验者就必须养成按有效数字及其有效数字规则进行读数、记录、处理和结果表示的习惯。

第四节 常用实验数据处理方法

数据处理是指从获得数据起到得出结果为止的数据加工过程。物理实验中常用的数据处理方法有列表法、作图法、逐差法、最小二乘法等。

一、列表法

把实验中测量的数据按一定的形式和顺序一一对应地列出来。这是在每个实验中都要用到的基本方法，它便于在实验操作中进行检查，减小和避免错误，及时发现和分析解决问题，提高处理数据的效率。

为使实验数据表格设计合理，对列表提出如下要求。

(1)表格的上方写明表的名称和序号，标明物理量的名称和单位。
(2)列入表中的测量数据(称原始数据)要按有效数字规则记录。
(3)表格外要标卜测量日期、实验条件、必要的说明、有关参数，如表1所示。
(4)要充分注意数据之间的联系。

表 1　用螺旋测微器测量圆柱体体积的数据

等级_____ 量程_____ 分度值_____(mm) ____年____月____日

项目	测量次数							平均值	标准偏差
	1	2	3	4	5	6	7		
直径 d(mm)									
高度 h(mm)									

列表法的优点是：简单明了，形式紧凑，各数据易于参考比较，便于表示出有关物理量之间的对应关系，便于检查和发现实验中存在的问题及分析实验结果是否合理，便于归纳总结，从中找出规律性的联系。

缺点是：数据变化的趋势不够直观，不易直接看出结果，求取相邻两数据的中间值时，还需要借助计算公式进行计算等。

二、作图法

把实验数据间的关系用几何图形表示出来，形象、直观地反映数据之间的变化规律和函数关系。作图法是实验技能训练中的一项基本功。

作图的程序

(1)选择坐标纸。作图必须用坐标纸。

(2)选取坐标轴。一般横轴代表自变量,纵轴代表因变量。标明各轴的物理量符号与单位。

(3)根据实验数据的分布范围确定坐标轴的起始点(原点)与终值,起始点不一定从零开始。

(4)进行坐标的标度。标出整数和所用的单位。选值使坐标轴的最小格与实验数据有效数字中最末位可靠数字(测量仪器的最小分度值)相对应,保证在作图过程中不能降低实验的准确度。标度时还要注意比例是否恰当,使实验曲线充满整个图纸,不要偏向一边或一角。

(5)标点。把实验数据点用"+"、"⊙"、"×"、"△"等符号准确地标明在坐标纸上。同一坐标纸不同曲线的数据点用不同符号以示区别。

(6)连线。根据数据点的分布,用工具连成直线或光滑的曲线。连线时使数据点均匀分布在曲线两侧(具有取"平均值"的含义),个别离曲线很远的点,进行分析后进行取舍或重新测量。

(7)图注。在图纸的下边写出图名,在明显处标出实验班级、姓名、日期等,如图4所示。

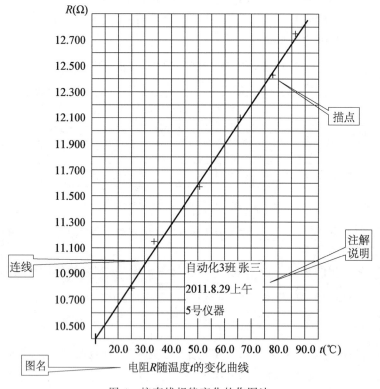

图4 按直线规律变化的作图法

作图法的优点是:对应关系和变化趋势非常形象、直观。极值、拐点、周期性变化都能在图形中清楚地显示出来。特别是对很难用简单的解析函数表示的物理量之间的关系,作图表示就比较方便。

作图法的缺点是:受图纸大小的限制,一般只能处理 3～4 位有效数字。在图纸上连线有相当大的主观随意性。由于图纸本身的均匀性、准确程度以及线段的粗细等,使作图不可避免地要引入一些附加误差。

三、逐差法

在实验中,常会遇到等间隔地测量线性连续变化的物理量,求其间隔平均值的问题。如研究金属材料实验中,金属丝因受到 F 的作用力而伸长 ΔL,在金属丝下端加 1 kg,2 kg,…, 7 kg 的砝码,金属丝端点垂在标尺上的读数分别为 $l_1, l_2, \cdots, l_7$,设金属丝原长为 l_0。金属丝在 1 kg 砝码作用下平均伸长为

$$\overline{\Delta_1 l} = \frac{(l_1-l_0)+(l_2-l_1)+\cdots+(l_7-l_6)}{7} = \frac{l_7-l_0}{7}$$

由上式可知,$l_1, l_2, \cdots, l_6$ 等中间值全部被抵消了,只有始末两次测量值起作用,与一次增加 7 kg 砝码的单次测量完全相同,如果始、末两值测不准,就会给结果造成很大的误差。

为了保持多次测量的优点,需要在数据处理方法上作一些变化。将间隔连续测量值分成两组,一组为前半数据,l_0, l_1, l_2, l_3;另一组为后一半数据,l_4, l_5, l_6, l_7。取对应项的差值为 $l_4-l_0, l_5-l_1, l_6-l_2, l_7-l_3$,再取平均值,即

$$\overline{\Delta_4 l} = \frac{(l_4-l_0)+(l_5-l_1)+(l_6-l_2)+(l_7-l_3)}{4}$$

这样,充分利用了测量数据。上式计算的 $\overline{\Delta_4 l}$ 是增加 4 kg 砝码时,金属丝的平均伸长量,常称这种处理数据的方法为逐差法。实际上,求 $\overline{\Delta_1 l}$ 形式的逐项逐差,在砝码重量作为自变量等间隔变化时,失去作用,而求 $\overline{\Delta_4 l}$ 形式的逐项逐差才使数据充分发挥作用。

如弹簧振子的周期公式 $T=2\pi\sqrt{m/K}$ 可写成 $T^2=\dfrac{4\pi^2}{K}m$,测量 T^2 是 m 线性函数,这种方法称为曲线改直,就可以利用逐差法处理 T^2 和 m 之间的关系。

逐差法的特点如下。

(1)逐差法比作图法精确,且简单易懂,运算方便,是物理实验中常用的数据处理方法。

(2)能充分利用测量数据,提高测量结果的精确度。

(3)验证测量量的函数关系,如果逐项逐差数值基本上为常数,说明测量量间为线性关系(二次逐差值基本为一常数,则为二次多项式)。

(4)局限性,只限于自变量等间隔变化,直线斜率是求差分平均得到,精度也受到限制。

四、最小二乘法

高斯(C. F. Gauss,德国著名数学家、物理学家)从解决一系列等精度测量最佳值的问题

中建立了最小二乘原理。采用最小二乘法能从一组同精度的测量值中确定最佳值。最佳值是各测量值的误差的平方和为最小的那个值,或能使估计曲线最好地拟合于各测量点,使该曲线到各测量点的偏差的平方和达到最小。

最小二乘法的原理和计算都比较繁琐,这里仅介绍如何应用最小二乘法进行实验直线的拟合。已知函数关系为线性关系,确定未定参量最佳值的方法。

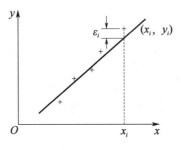

图 5 y—x 拟合直线

设已知函数的形式为

$$y = a_0 + a_1 x \tag{1-24}$$

上式中自变量只有 x 一个,故称一元线性回归。实验得到的一组数据为

$$x = x_1, x_2, \cdots, x_i$$
$$y = y_1, y_2, \cdots, y_i$$

如果实验没有误差,把 $(x_1, y_1), (x_2, y_2), \cdots, (x_i, y_i)$ 代入式(1-24)时,方程左右两边应该相等。但实际上,测量总存在误差,我们归结为 y 的测量偏差,并记作 $\varepsilon_1, \varepsilon_2, \cdots, \varepsilon_i$,如图 5 所示,这样式(1-24)就应改写成:

$$\left. \begin{array}{l} y_1 - a_0 - a_1 x_1 = \varepsilon_1 \\ y_2 - a_0 - a_1 x_2 = \varepsilon_2 \\ \cdots\cdots\cdots\cdots \\ y_i - a_0 - a_1 x_i = \varepsilon_i \end{array} \right\} i = 1, 2, \cdots, n \tag{1-25}$$

根据误差理论可以推证:要满足以上要求,必须使各偏差的平方和为最小

$$\sum_{i=1}^{n} \varepsilon_i^2 = \sum_{i=1}^{n} (y_i - a_0 - a_1 x_i)^2 \tag{1-26}$$

为求 $\sum_{i=1}^{n} \varepsilon_i^2$ 的最小值,令式(1-26)对 a_0 和 a_1 分别的偏微商为零

$$\frac{\partial}{\partial a_1} \sum_{i=1}^{n} (y_i - a_0 - a_1 x_i)^2 = 0$$

$$\frac{\partial}{\partial a_0} \sum_{i=1}^{n} (y_i - a_0 - a_1 x_i)^2 = 0$$

即

$$\left.\begin{array}{l}\sum_{i=1}^{n}(y_i - a_0 - a_1 x_i)x_i = 0 \\ \sum_{i=1}^{n}(y_i - a_0 - a_1 x_i) = 0\end{array}\right\} \quad (1\text{-}27)$$

由式(1-27),有

$$\sum_{i=1}^{n} x_i y_i - a_1 \sum_{i=1}^{n} x_i^2 - a_0 \sum_{i=1}^{n} x_i = 0$$

$$\sum_{i=1}^{n} y_i - a_1 \sum_{i=1}^{n} x_i - n a_0 = 0$$

令

$$\bar{x} = \frac{\sum_{i=1}^{n} x_i}{n}, \bar{y} = \frac{\sum_{i=1}^{n} y_i}{n}, \overline{x^2} = \frac{\sum_{i=1}^{n} x_i^2}{n}, \overline{xy} = \frac{\sum_{i=1}^{n} x_i y_i}{n}$$

得回归直线的斜率和截距的最佳估计值为

$$a_1 = \frac{\overline{xy} - \bar{x}\,\bar{y}}{\overline{x^2} - \bar{x}^2} \quad (1\text{-}28)$$

$$a_0 = \bar{y} - a_1 \bar{x} \quad (1\text{-}29)$$

第二章 基础性实验

实验一 扭摆法测定物体转动惯量

转动惯量是描述刚体转动中惯性大小的物理量,它与刚体的质量分布及转轴位置有关。正确测定物体的转动惯量,在工程技术中有着十分重要的意义。

【实验目的】

(1)熟悉扭摆的构造及使用方法,以及转动惯量测试仪的使用方法。
(2)测定扭摆的扭转常数(弹簧的扭转常数)K。
(3)测定塑料圆柱体、金属圆筒、塑料球与金属细杆的转动惯量,并与理论值比较,求相对误差。
(4)改变滑块在金属细杆上的位置,验证转动惯量平行轴定理。

【实验器材】

(1)扭摆及几种有规则的待测转动惯量的物体(金属圆筒、高矮不同的两个塑料圆柱体、塑料球)。光电门和自动计量周期和时间装置。验证转动惯量平行轴定理用的金属细杆,杆上有两块可以自由移动的金属滑块)。
(2)游标卡尺、数字电子台秤。

【实验原理】

扭摆的构造如图1-1所示,在垂直轴1上装有一根薄片状的螺旋弹簧2,用以产生恢复力矩。在轴的上方可以装上各种待测物体。垂直轴与支座间装有轴承,以降低摩擦力矩。3为水平仪,用来调整系统平衡。将物体在水平面内转过一角度θ后,物体在弹簧的恢复力矩作用下就开始绕垂直轴做往返扭转运动。根据胡克定律,弹簧因扭转而产生的恢复力矩M

与所转过的角度 θ 成正比,即

$$M = -K\theta \tag{1-1}$$

式中,K 为弹簧的扭转常数。

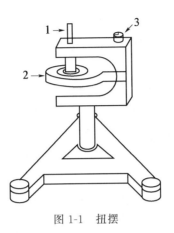

图 1-1 扭摆

根据转动定律:

$$M = I\beta$$

式中,I 为物体绕转轴的转动惯量,β 为角加速度

$$\beta = \frac{d^2\theta}{dt^2} \tag{1-2}$$

令 $\omega^2 = \frac{K}{I}$,忽略轴承的摩擦阻力矩,由式(1-1)、式(1-2)得

$$\frac{d^2\theta}{dt^2} + \omega^2\theta = 0 \tag{1-3}$$

上述方程表示扭摆运动具有角简谐振动的特性,角加速度与角位移成正比,且方向相反。此方程的解为

$$\theta = A\cos(\omega t + \varphi)$$

式中,A 为谐振动的角振幅;φ 为初相位角;ω 为角频率。此谐振动周期为

$$T = \frac{2\pi}{\omega} = 2\pi\sqrt{\frac{I}{K}} \tag{1-4}$$

由式(1-4)可知,只要测得物体扭摆的摆动周期,并在 I 和 K 中任何一个量已知时即可计算出另一个量。

本实验先测一个几何形状规则的物体,它的转动惯量可以根据其质量和几何尺寸用理论公式直接计算得到,再算出本仪器弹簧的扭转常数 K 值。若要测定其他形状物体的转动惯量,只需将待测物体安放在本仪器上,测定其摆动周期,由公式(1-4)即可算出该物体绕转动轴的转动惯量。

理论分析证明,若质量为 m 的物体绕通过质心轴的转动惯量为 I_0 时,当转轴平行移动

距离 x 时,则此物体对新轴线的转动惯量变为 $I=I_0+mx^2$,这称为转动惯量的平行轴定理。

【实验步骤】

(1)用游标卡尺测出实心塑料圆柱体的外径 D_1,空心金属圆筒的内、外径 $D_内$、$D_外$,塑料球直径 D,直金属细杆长度 L;用数字式电子台秤测出各物体质量 m(以上参数已给出此步也可以不做)。

(2)调整扭摆基座底脚螺钉,使水平仪的气泡位于中心。

(3)在转轴上装上(对此轴的转动惯量为 I_0,数值见附录)金属载物圆盘,并调整光电探头的位置使载物圆盘上的挡光杆处于其缺口中央且能遮住发射、接收红外光线的小孔,并能自由往返地通过光电门。测量 10 个摆动周期所需要的时间 $10T_0$。

(4)方法一:将转动惯量为 I_1(转动惯量 I_1 的数值可由塑料圆柱体的质量 m_1 和外径 D_1 算出,即 $I_1'=\frac{1}{8}mD_1^2$)的塑料圆柱体放在金属载物圆盘上,则总的转动惯量为 I_0+I_1,测量 10 个摆动周期所需要的时间 $10T_1$。根据公式计算出塑料圆柱体转动惯量。由式(1-4)可得出

$$\frac{T_0}{T_1}=\frac{\sqrt{I_0}}{\sqrt{I_0+I_1'}} \quad 或 \quad \frac{I_0}{I_1'}=\frac{T_0^2}{T_1^2-T_0^2}$$

则弹簧的扭转常数

$$K=4\pi^2\frac{I_1'}{T_1^2-T_0^2} \tag{1-5}$$

在 SI 制中 K 的单位为:$kg \cdot m^2 \cdot s^{-2}$。

方法二:已知 $I_0=4.929\times10^{-4} \ kg \cdot m^2$,代入公式

$$K=4\pi^2\frac{I_0}{T_0^2} \tag{1-6}$$

可求出弹簧的扭转常数 K。

(5)取下塑料圆柱体,装上金属圆筒,测量 10 个摆动周期需要的时间 $10T_2$。根据公式计算出金属圆筒转动惯量。

(6)取下金属载物圆盘、装上塑料球,测量 10 个摆动周期需要的时间 $10T_3$(在计算塑料球的转动惯量时,应扣除支座的转动惯量 $I_{支座}$)。据公式计算出塑料球转动惯量。

(7)取下塑料球,装上金属细杆,使金属细杆中央的凹槽对准夹具上的固定螺钉,并保持水平,已知相邻凹槽之间的距离为 5.00 cm。测量 10 个摆动周期需要的时间 $10T_4$(在计算金属细杆的转动惯量时,应扣除夹具的转动惯量)。据公式计算金属细杆的转动惯量。

(8)验证转动惯量平行轴定理。将金属滑块对称放置在金属细杆两边的凹槽内,如图 1-2 所示,此时滑块质心与转轴的距离 x 分别为 5.00 cm、10.00 cm、15.00 cm、20.00 cm、25.00 cm,测量对应于不同距离时的 10 个摆动周期所需要的时间 $10T$ 验证转动惯量平行轴定理(在计算转动惯量时,应扣除夹具的转动惯量 $I_{夹具}$)。

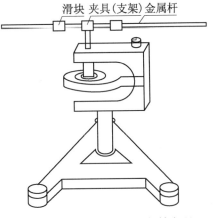

图 1-2 验证转动惯量平行轴定理

【数据记录】

(1)弹簧扭转常数 K 和各物体转动惯量 I 的计算公式见表 1-1。

弹簧扭转常数为
$$K = 4\pi^2 \frac{I_1'}{\overline{T}_1^2 - \overline{T}_0^2}$$

金属载物圆盘转动惯量为
$$I_0 = \frac{I_1' \overline{T}_0^2}{\overline{T}_1^2 - \overline{T}_0^2}$$

表 1-1 不同物体转动惯量计算公式

转动惯量公式 物体名称	理论值	实验值
塑料圆柱体	$I_1' = \dfrac{1}{8} m D_1^2$	$I_1 = \dfrac{K}{4\pi^2} \overline{T}_1^2 - I_0$
金属圆筒	$I_2' = \dfrac{1}{2} m (D_外^2 + D_内^2)$	$I_2 = \dfrac{K}{4\pi^2} \overline{T}_2^2 - I_0$
塑料球	$I_3' = \dfrac{1}{10} m D^2$	$I_3 = \dfrac{K}{4\pi^2} \overline{T}_3^2 - I_{支座}$
金属细杆	$I_4' = \dfrac{1}{12} m L^2$	$I_4 = \dfrac{K}{4\pi^2} \overline{T}_4^2 - I_{夹具}$

(2) 各种物体转动惯量的测量,数据记录见表 1-2。

(3) 转动惯量平行轴定理的验证,数据记录见表 1-3。

表 1-2　测定转动惯量实验数据

周期/s、长度 \ 物体名称	金属载物圆盘	塑料圆柱体	金属圆筒	塑料球	金属细杆
$10T(s)$					
$\overline{T}(s)$					
直径 d(mm)					
转动惯量实验值 (10^{-4} kg·m^2)					
转动惯量理论值 (10^{-4} kg·m^2)	✕				
相对误差	✕				

表 1-3　验证平行轴定理实验数据

滑块的位置 $X(10^{-2}$ m)	5.00	10.00	15.00	20.00	25.00
摆动周期 $10T(s)$					
$\overline{T}(s)$					
实验值(10^{-4} kg·m^2) $I=\dfrac{K}{4\pi^2}T-I_{夹具}$					
理论值(10^{-4} kg·m^2) $I'=I'_4+I'_5+2mx^2$					

【注意事项】

(1) 弹簧有一定的使用寿命和强度,千万不要随意玩弄弹簧,为了降低实验时由于摆动角度变化过大带来的系统误差,在测定各种物体的摆动周期时,摆角不宜过小,也不宜过大,一般在 90°左右比较合适。

(2) 光电探头宜放置在挡光杆平衡位置处,挡光杆不能和其他物体相碰。

(3) 机座应保持水平状态。

(4) 安装待测物体时,其支架必须全部套入扭摆主轴,并将止动螺钉旋紧,否则扭摆不能正常工作。

(5) 在称塑料球与金属细杆的质量时,必须分别将支座和夹具取下,以减小系统误差。

【附录】

载物盘转动惯量: $I_0 = 4.929 \times 10^{-4}$ kg·m²

金属细杆夹具转动惯量实验值:

$$I_{夹具} = \frac{K}{4\pi^2}T^2 - I_0 = \frac{3.567 \times 10^{-2}}{4\pi^2} \times 0.741^2 - 4.929 \times 10^{-4} = 0.321 \times 10^{-4} \text{ kg·m}^2$$

塑料球支座转动惯量实验值:

$$I_{支座} = \frac{K}{4\pi^2}T^2 - I_0 = \frac{3.567 \times 10^{-2}}{4\pi^2} \times 0.740^2 - 4.929 \times 10^{-4} = 0.187 \times 10^{-4} \text{ kg·m}^2$$

滑块绕通过滑块质心转轴的转动惯量理论值:

$$I'_5 = 0.753 \times 10^{-4} \text{ kg·m}^2$$

滑块绕通过滑块质心转轴的转动惯量实验值:

$$I_5 = 0.772 \times 10^{-4} \text{ kg·m}^2$$

实验用塑料圆柱等的参考值:

塑料圆柱:$D(大) = 100.00$ mm ± 0.02 mm,$H(大) = 100.00$ mm ± 0.02 mm,
　　　　$m(大) = 712.0$ g ± 0.5 g;
　　　　$D(小) = 100.00$ mm ± 0.02 mm,$H(小) = 50.00$ mm ± 0.02 mm,
　　　　$m(小) = 356.0$ g ± 0.5 g。

球体:$D = 126.00$ mm ± 0.02 mm,$m = 918.0$ g ± 0.5 g。

滑块:$D = 34.00$ mm ± 0.02 mm,$H = 35.00$ mm ± 0.02 mm,$m = 238.0$ g ± 0.5 g。

实验二　空气比热容比的测定

理想气体的定压摩尔热容 C_P 和定体摩尔热容 C_V 之比称为气体的比热容比。它在热力学过程特别是绝热过程中都是很重要的参量,在热力学理论及工程技术的实际应用中起着重要的作用。

【实验目的】

(1)用绝热膨胀法测定空气的比热容比。
(2)观测热力学过程中的状态变化及基本物理规律。
(3)学习使用空气压力传感器及温度传感器。

【实验器材】

空气比热容比测定仪,玻璃容器。

【实验原理】

对于理想气体:$C_P - C_V = R$,R 为气体的普适常数。比热容比用符号 γ 表示,$\gamma = \dfrac{C_P}{C_V}$,它又被称为气体的绝热系数,是一个很重要的参量。通过测量 γ,可以加深对绝热、定容、定压、等温等热力学过程的理解。

在绝热过程中 $\mathrm{d}Q=0$,绝热过程 $PV^\gamma =$ 常量。

以储气瓶内的气体作为研究对象进行如下实验过程。

(1)如图 2-1 所示,首先打开放气阀 C_2,储气瓶与大气相通,再关闭 C_2,瓶内充满与周围空气同温同压的气体,这一步是预备工作。

(2)打开进气阀 C_1,用充气球向瓶内打气,充入一定量的气体,通过压力传感器可以指示气体压强的增加,压力传感器指示的示数到达某一较大值后,关闭进气阀 C_1。此时瓶内的气体压强会增大,温度会升高。等待内部气体温度降低到和外界大气温度相等时,即达到与周围温度平衡,此时气体处于状态 $\mathrm{I}(P_1,V_1,T_0)$,V_1 为储气瓶的体积。

(3)迅速打开放气阀 C_2,使瓶内的气体与大气相通,当瓶内压强降到 P_0 时,立即关闭放气阀 C_2,这个过程会有体积为 ΔV 的气体喷泻出储气瓶,我们假定在后续的过程中喷出的气体和瓶内剩余的气体作相同的变化。由于放气过程较快,瓶内的气体来不及与外界进行热交换,可以认为是一个绝热过程。如图 2-2 所示,在此过程中作为研究对象的气体由状态

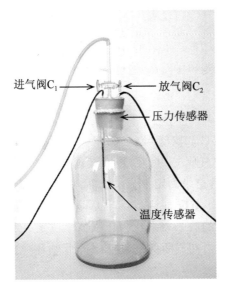

图 2-1 储气瓶装置

Ⅰ(P_1,V_1,T_0)转变为状态Ⅱ(P_0,V_2,T_1)。

(4)由于瓶内温度 T_1 低于外界温度 T_0,所以瓶内气体慢慢地从外界吸热,直到达到外界温度 T_0 为止,此时瓶内的压强也随之增大为 P_2,即稳定后的气体状态Ⅲ(P_2,V_2,T_0)。如图 2-2 所示,从状态Ⅱ到状态Ⅲ为等容吸热过程。

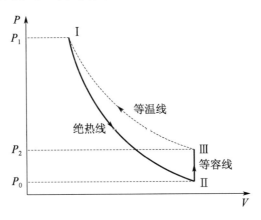

图 2-2 气体状态经历的过程

Ⅰ→Ⅱ为绝热过程,根据绝热过程方程:

$$P_1 V_1^r = P_0 V_2^r \tag{2-1}$$

Ⅲ→Ⅰ为等温过程(非实际发生的过程),由等温过程方程得

$$P_1 V_1 = P_2 V_2 \tag{2-2}$$

由式(2-1)、式(2-2)可得

$$\gamma = \frac{\ln P_1 - \ln P_0}{\ln P_1 - \ln P_2} \tag{2-3}$$

由式(2-3)可以看出只要测得 P_1、P_2 就可以得到空气的 γ。

【实验内容】

(1)接好电路,开启电源,打开放气阀 C_2,待气体稳定后将压强指示示数调零。

(2)把放气阀 C_2 关闭,进气阀 C_1 打开,用充气球缓慢地将一定量的气体压入储气瓶内后关闭 C_1,等气体温度稳定后记录测定仪显示的瓶内的压强变化 ΔP_1 和外界温度。

对于 ΔP_1 的记录,实验时先按直流数字电压表的测得值记录单位为 mV,然后根据 200 mV 相当于 0.1×10^5 Pa 的关系将之化为压强值单位是 Pa,记录到表 2-1 中。

(3)迅速打开放气阀 C_2,当储气瓶的空气压强降低到环境大气压强 P_0 时(放气声音消失时),迅速关闭 C_2。

(4)当储气瓶内的温度和步骤(2)中记录的环境温度相等时记录测定仪显示的瓶内气体的压强 ΔP_2。ΔP_2 记录方法同 ΔP_1。

(5)数据记录与处理,见表 2-1。

表 2-1

$P_0 = $ _____ Pa

ΔP_1	ΔP_2	$P_1 = P_0 + \Delta P_1$	$P_2 = P_0 + \Delta P_2 /$ Pa	γ	$\overline{\gamma}$

注:表格中的所有的压强也可全部采用 mV 作为单位进行记录来计算 γ。

(6)用公式(2-3)进行计算,求得空气的比热容比 $\overline{\gamma}$ 的值,并与理论值作比较。(干燥空气绝热指数理论值 $\gamma_0 = 1.402$)

【注意事项】

(1)本实验所用的储气瓶、进气阀、放气阀及其连接管均由玻璃材料制成的,属易碎品,实验中连线、关闭/开启阀门、用充气球充气时均要小心、仔细。

(2)连接电路时要注意 AD590 温度传感器输出极性及电源输出电压的大小(实验时应先将其输出调至 6 V 再接入回路)。

(3)压力传感器及数字电压表需预热和调零,待零点稳定后方可进行实验。

(4)由于热学实验受外界环境因素,特别是温度的影响较大,测量过程中应随时留意环境温度的变化。测量时只要做到瓶内气体在放气前降低至某一温度,放气后又能回升到同一温度即可,这一温度不一定等于充气前的室温。

(5)放气时要迅速,并密切注意压力传感器输出数值的变化,理论上一旦压力输出指示为零,立即关闭放气阀。但由于压力传感器有一定程度的滞后,听到放气声音消失时就立即关闭放气阀较为准确。

【思考题】

(1)本实验为何采用温度传感器?用水银温度计是否可以?

(2)本实验要求"放气声刚刚消失时,迅速关闭放气阀 C_2",为什么?如果关闭较晚会有什么后果?

实验三　热导率的测定

热导率(导热系数)是表征物体传热性质的物理量,它与材料的结构、杂质的多寡和温度有关。对热导率的测量在材料的保温、隔热节能方面都有很重要的意义。热导率常用实验方法测定。本实验介绍一种比较简单的利用稳态法测定不良导体(简称为样品)的热导率的实验方法。

【实验目的】

(1)掌握稳态法测定不良导体的热导率的方法。
(2)了解物体散热速率和传热速率的关系。

【实验器材】

热导率实验装置、温度调节器、游标卡尺、天平、镊子、铂热电阻 Pt100。

(1) 调节输出指示灯
(2) 报警1指示灯
(3) 报警2指示灯
(4) AUX辅助接口工作指示灯
(5) 显示转换(兼参数设置进入)
(6) 数据移位(兼手动/自动切换及程序设置进入)
(7) 数据减少键(兼程序运行/暂停操作)
(8) 数据增加键(兼程序停止操作)
(9) 给定值显示窗
(10) 测量值显示窗

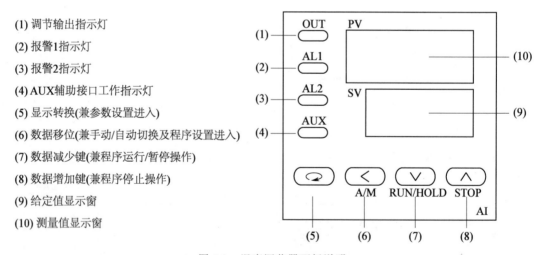

图 3-1　温度调节器面板说明

【实验原理】

1. 热传导定律

当物体内部各处的温度不均匀时,就会有热量从温度较高处传递到温度较低处,这种现象叫热传导现象。

早在1882年著名物理学家傅里叶(Fourier)就提出了热传导的定律:若在垂直于热传导方向 x 上作一截面 ΔS,以 $\left(\dfrac{d\theta}{dx}\right)$ 表示温度梯度,那么在时间 Δt 内通过截面积 ΔS 所传递的热量 ΔQ 为

$$\frac{\Delta Q}{\Delta t}=-\lambda\left(\frac{d\theta}{dx}\right)\Delta S \tag{3-1}$$

式(3-1)中 $\dfrac{\Delta Q}{\Delta t}$ 为传热速率,负号代表热量传递方向是从高温区传至低温处,与温度梯度方向相反。比例系数 λ 称为热导率,其值等于样品内部相距单位长度的两平面的温度相差为一个单位时,在单位时间内通过单位面积所传递的热量,单位是瓦/(米·开)($W\cdot m^{-1}\cdot K^{-1}$)。

2. 稳态法测传热速率

本实验利用稳态法测定样品的热导率。先对样品加热,利用热源在试样内形成稳定的温度分布,然后再用铂电阻(Pt100)作为传感器的数显温度计测量样品两个表面的温度差,并通过测其散热速率来测传热速率,最后用傅里叶导热方程式求出样品的热导率。

测定样品热导率的实验装置如图3-2所示。图中待测样品半径为 $R_1=60$ mm,厚度为 $h_1=5$ mm,样品上表面与加热盘(上面的黄铜盘)的下表面接触,温度为 θ_1,加热盘由内部电热丝供热,将热量通过样品上表面传入样品,样品下表面与散热盘(下面的黄铜盘)的上表面相接,温度为 θ_2,即样品中的热量通过下表面向散热盘散发。在样品传热过程中,当样品上、下表面温度可以认为是均匀分布,在 h_1 不很大的情况下可忽略样品侧面散热的影响,并且只考虑下面的黄铜盘的下表面和侧面散热,那么热导率计算公式可写为

$$\lambda = mc\left(\frac{\Delta\theta}{\Delta t}\bigg|_{\theta_2=\theta_{20}}\right)\cdot\left(\frac{R_2+2h_2}{2R_2+2h_2}\right)\cdot\left(\frac{h_1}{\theta_{10}-\theta_{20}}\right)\cdot\left(\frac{1}{\pi R_1^2}\right) \tag{3-2}$$

式中,R_1 为样品的半径;h_1 为样品的高度;m 为下铜板的质量;c 为铜的比热容;R_2 和 h_2 分别是下铜板的半径和厚度。

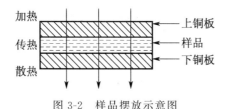

图 3-2 样品摆放示意图

【实验内容】

(1)待测样品由有机玻璃、橡胶、胶木三种材料制成,用游标卡尺测量待测样品盘的半径 R_1 和厚度 h_1,散热黄铜盘的半径 R_2 和厚度 h_2。参考值为 $R_1=R_2=60.0$ mm $=0.060$ m,

$h_1 = 5$ mm $= 0.005$ m, $h_2 = 12.0$ mm $= 0.012$ m。c 是黄铜比热容[$c = 3.77 \times 10^2$ J/(kg·K)]。

(2) 用天平测量散热黄铜盘的质量 m。参考值为 $m = 1.098$ kg。

(3) 安装实验装置。

注意此过程应在关闭电源的情况下进行。将散热黄铜盘小心安装在测定仪固定支架上,将测温孔朝外。然后将待测样品盘、加热黄铜盘依次放在上面,将加热电源插孔朝内,测温孔朝外,且三盘上下对齐。最后将两个 Pt100 热电阻分别插入加热黄铜盘和散热黄铜盘测温孔,并连接好加热电源导线。注意:Pt100 热电阻的金属部分不要裸露在外,且插入深度要一致,否则影响测温精度。

(4) 加热盘温度控制参数设置。

将加热盘温度设定在 80 ℃左右。温度调节器通电后,进入显示状态,此时仪表上显示窗口显示测量值(PV),下显示窗口显示给定值(SV)。设定时按 < 键可以切换不同的显示状态,需要设定加热盘温度时,可通过按 < 键、∨ 键或 ∧ 键来修改下显示窗口显示的数值。

(5) 加热盘加热及温度测控。

接通测定仪电源,将"加热开关"置于"开",此时加热指示灯亮。在整个加热及温度控制过程中加热指示灯亮度会随着加热快慢而变化。注意:实验应在室内温度基本稳定及无风的条件下进行,否则将影响控温效果。若加热盘温度 θ_1 和散热盘温度 θ_2 在 10 min 后仍保持稳定,可认为传热达到稳定。记录此时加热盘温度 θ_{10} 和散热盘温度 θ_{20}。

(6) 测定散热盘散热率。

将加热盘小心提起,用镊子将待测样品移去,然后将加热盘直接放在散热盘上,给散热盘加热,使散热盘温度高于 θ_{20} 10 ℃左右后再移去加热盘,使散热盘在空气中自然冷却。注意冷却过程不能打开风扇。冷却过程中每隔 30 s 读一次散热盘温度 θ_2,一直读到低于 θ_{20} 10 ℃左右。将实验所得数据记录在表 3-1 中。

表 3-1　散热盘散热率实验数据　　　　$\theta_{10} =$　　　　$\theta_{20} =$

t(s)	0	30	60	90	120	…	510	540	570	600
θ_2(℃)										

(7) 改变加热盘温度设定值,重复实验步骤(5)、(6),测定样品在不同温度下热导率 λ。

(8) 改变待测样品,重复以上实验步骤,测定不同样品的热导率 λ。

(9) 实验完毕,将"风扇开关"置于"开",此时风扇开启,"冷却指示"灯亮,使散热盘加速冷却,直到散热盘温度降至室温,将"风扇开关"置于"关"。整理实验仪器。

(10) 根据表 3-1 所记录实验数据,选择 θ_{20} 附近 10 组数据进行处理,计算散热盘冷却速率 $\dfrac{\Delta \theta}{\Delta t} \bigg|_{\theta_2 = \theta_{20}}$。

(11)将散热盘冷却速率$\left.\dfrac{\Delta\theta}{\Delta t}\right|_{\theta_2=\theta_{20}}$代入式(3-2),计算测样品热导率 λ。

(12)测定样品在不同温度下热导率 λ,比较不同温度下同一样品热导率大小,分析热导率与温度的关系。

(13)测定不同样品的热导率 λ,比较不同样品的热导率大小,分析不同样品的导热性能。

【注意事项】

(1)加热盘温度设定值不得高于 100 ℃,实验时应随时观察加热盘温度变化。

(2)实验装置温度较高,实验过程中不要触摸高温盘,以防烫伤。

(3)PID 智能温度调节器出厂前各参数均设置好,实验时可以修改加热盘温度设定值 SV,修改其他参数时应谨慎,否则影响控温效果。

(4)实验过程中 Pt100 金属部分不要裸露在外,且插入深度要一致,否则影响测温精度。

(5)实验应在室内温度基本稳定及无风的条件下进行,否则将影响控温效果。

(6)测定仪面板上有 0～220 V 加热电源,连接和分开加热电源线时均应关闭电源,以防触电。

【思考题】

(1)样品的热导率大小与温度有什么关系?

(2)样品的热导率大小与导热性能有什么关系?

实验四 惠斯通电桥

惠斯通电桥测量电阻在工业技术中有广泛的应用。电桥法测电阻结构简单、使用方便,其本质在于将被测电阻与已知电阻进行比较,测量精度高。惠斯通电桥适用于测量中阻值电阻($10\sim10^6$ Ω)。

【实验目的】

(1)了解惠斯通电桥测量电阻的实验原理,掌握用惠斯通电桥测电阻的实验方法。
(2)学习选择适当的实验条件,减小实验误差。

【实验器材】

非平衡电桥实验仪。

【实验原理】

1. 电桥实验原理与平衡条件

惠斯通电桥的原理电路如图 4-1 所示。

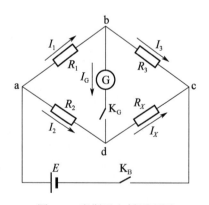

图 4-1 惠斯通电桥原理图

四个电阻 R_1、R_2、R_3 和 R_X 联成一个四边形 abcd,每条边称为电桥的一个"桥臂",在对角 a 和 c 之间接上工作电源 E,在对角线 bd 上再接上检流计 G。电桥的"桥"就是指 bd 这条对角线而言;它的作用是将电桥两端的电位直接进行比较。电源接通后,bd 两点的电位一般并不相同,因此检流计中有电流通过,检流计面板示数不为"零"。测量时若适当调节桥臂电阻,可使桥上没有电流通过($I_G=0$),检流计面板示数为"零",此时称为电桥平衡。

电桥平衡时 $U_b=U_d$, $I_1=I_3$, $I_2=I_X$

于是 $U_{ab}=I_1R_1=U_{ad}=I_2R_2$, $U_{cb}=I_3R_3=U_{cd}=I_XR_X$

将上面两式相除,得四个桥臂电阻的关系为$\frac{R_1}{R_3}=\frac{R_2}{R_X}$。

因此待测电阻 R_X,可表示为

$$R_X=\frac{R_2}{R_1}R_3 \tag{4-1}$$

令 $$M=\frac{R_2}{R_1}$$

则 $$R_X=MR_3$$

式(4-1)称为电桥的平衡条件。式中,R_2、R_1称为比率臂电阻,其比值M称为倍率,R_3称为比较臂电阻。若M(或R_1、R_2)和R_3已知,待测电阻R_X就可由式(4-1)求出。

调节电桥平衡的方法:先估计被测电阻R_X的大小,然后选择倍率R_2/R_1,保持倍率R_2/R_1不变,调节R_3使电桥平衡。当检流计示数为正数时,应适当减小R_3,若发现电阻箱R_3的最高挡位没有用到,则应当减小倍率;当检流计示数为负数时,应适当增大R_3,若R_3增至最大,检流计示数仍为负数,则应增加倍率R_2/R_1。

用电桥法测电阻的突出优点是:用电桥法测电阻,只要检流计足够灵敏,且选用标准电阻作为桥臂;通过与标准电阻相比较,即可确定待测电阻是标准电阻的多少倍。由于制造高精度的电阻并不困难,所以电桥法测电阻可达到很高的准确度。

2. 非平衡电桥面板图

本实验使用的仪器是非平衡电桥实验仪,可以用来搭建多种电桥实验,其面板布局如图4-2所示。

在这里R_1、R_2和R_3分别都由4个十进位电阻器串联成,调节范围都是从1 Ω调到11 110 Ω。通过调节R_1、R_2的阻值可以构成不同的倍率M。为计算和读数方便,惠斯通电桥的比率通常选择10的倍数,即($\times 0.001$、$\times 0.01$、$\times 0.1$、$\times 1$、$\times 10$、$\times 100$、$\times 1\,000$) 7挡。测量时,应根据被测电阻的阻值选取适当的倍率,选择倍率的原则是要保证R_3有4位读数。惠斯通电桥测量范围为$1\sim 9.999\times 10^0$ Ω,基本量限为$10\sim 9\,999$ Ω。在基本量限以内,用内部电源和检流计时,该电桥的准确度等级为0.2级。必要时该电桥还可以外接电源和检流计,以提高其灵敏度。

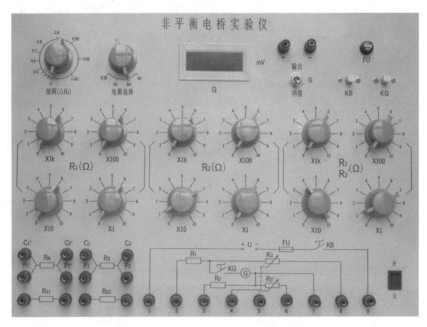

图 4-2　电桥面板

【实验内容与步骤】

参考图 4-3 连接线路,可组成惠斯通电桥测量电路。对于大于 100 Ω 的电阻,宜采用惠斯通电桥测量。

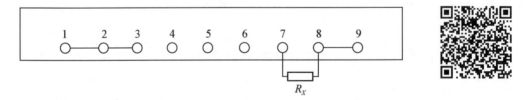

图 4-3　惠斯通电桥接线示意图

(1)先将"电源选择"开关旋到"3V"、"6V"或"9V"中电压较低挡,当电桥调节平衡后,再升高电源电压,检查是否仍然平衡。检流计开关"G"打到内接。

(2)把接线柱 1、2、3 用导线短接,将实验仪提供的待测电阻 R_{X1}、R_{X2} 任选一只接于接线柱 7、8 之间,或者使用自备待测电阻也可,并将接线柱 8、9 短接。

(3)估计被测电阻的大小,再根据实际情况重新选择适当的 $\dfrac{R_2}{R_1}$ 值。

(4)仔细检查接线无误后打开电源开关,先按"KB"按钮,旋转 90°(顺时针或逆时针都可以),再点动"KG"按钮(按下几秒后放开,需要时再按下),边按边调节 R_3 使电桥平衡,即毫伏表读数为零。断开时,应先松开"KG"按钮,再松开"KB"按钮。

(5)测量过程中,若检流计(毫伏表)读数大于零,表示估算值大于被测电阻值,应减小 R_3 的示值,使检流计趋向于零;若检流计读数小于零,表示估算值小于被测电阻值,应增大 R_3 的示值,使检流计读数趋向于零,若检流计读数仍小于零,则可增大量程 $\dfrac{R_2}{R_1}$,再使检流计趋向于零。当检流计读数为零时,电桥平衡,待测电阻 R_X 可由下式求得:$R_X = \dfrac{R_2}{R_1} R_3$。

注:测量时为了减小误差,在满足 $\dfrac{R_2}{R_1}$ 比例的基础上尽可能将 R_1、R_2 的值取大些。例如,根据估计的电阻值需选 $\dfrac{R_2}{R_1}$ 为 1,则 R_1、R_2 的值最好选 100 Ω 以上。测量 1 MΩ 以上电阻时,建议满足 $\dfrac{R_2}{R_1}$ 的比例基础上 R_1 取 10 Ω 或取其整数倍。

(6)将测量的数据填入表 4-1 中。

表 4-1 测定电阻 R_X 的值

待测电阻		$M = R_2/R_1$	$R_1(\Omega)$	$R_2(\Omega)$	$R_3(\Omega)$
R_{X1}	1				
	2				
	3				
R_{X2}	1				
	2				
	3				

注意:在满足比率的基础上,R_1 和 R_2 的有效数字应尽量多取,并且取其阻值与待测电阻阻值同一数量级。

【注意事项】

(1)电桥在使用时,电源接通时间均应很短,即不能将"KB"、"KG"两按钮同时长时间按下,测量时,应先按"KB"、后按"KG",断开时,必须先断开"KG"后断开"KB",并养成习惯。

(2)电桥使用时,应避免将 R_1、R_2、R_3 同时调到零值附近测量,以防止出现较大工作电流。

不确定度的计算示例:

电阻箱的准确度等级 $\alpha = 0.2$

R_{X1} 标称值(Ω)	$M = R_2/R_1$	比较臂 $R_3(\Omega)$	$R_X = \dfrac{R_2}{R_1} R_3 (\Omega)$
5 600	1 000/1 000	5 606	5.61×10^3

相对不确定度为

$$E = \frac{U_{R_{X1}}}{R_{X1}} = \sqrt{\left(\frac{\Delta R_1}{R_1}\right)^2 + \left(\frac{\Delta R_2}{R_2}\right)^2 + \left(\frac{\Delta R_3}{R_3}\right)^2}$$

假设本装置:

$$\frac{\Delta R_1}{R_1} = \frac{\Delta R_2}{R_2} = \frac{\Delta R_3}{R_3} = 0.2\%$$

代入得

$$E = \frac{\Delta_{R_{X1}}}{R_{X1}} = \sqrt{(2\times 10^{-3})^2 + (2\times 10^{-3})^2 + (2\times 10^{-3})^2}$$
$$\approx 3.5 \times 10^{-3}$$
$$\Delta_{R_{X1}} = 3.5 \times 10^{-3} \times R_{X1} = 3.5 \times 10^{-3} \times 5.61 \times 10^3$$
$$\approx 19.4 \approx 2 \times 10$$
$$R_{X1} = R_{X1}(示值) \pm \Delta_{R_{X1}} = (5.61 \pm 0.02) \times 10^3 \; \Omega$$

【思考题】

(1) 设计一个方案,在没有检流计的情况下,如何用电桥法测微安表内阻。

(2) 从实验结果分析,电桥桥臂比的选择对测量结果有何影响?

实验五 电表的改装与校准实验

我们经常使用磁电式仪表来测量电压和电流,通常磁电式仪表(表头)只允许通过较小的电流。根据电路的分流或分压原理,通过给表头并联一个小电阻,可以用于测量较大的电流,给表头串联一个大电阻,可以用于测量较高的电压。根据这一原理可以分别将表头改装成较大量程的电流表和电压表。

【实验目的】

(1)掌握将表头改装成较大量程电流表和电压表的原理和方法。
(2)学习改装电表的校准方法,掌握确定改装电表准确度等级的方法。

【实验器材】

电表改装与校准实验仪 1 套,包括表头(1.0 级)、标准数字电流表(1.0 级)、标准数字电压表(1.0 级)、电阻箱(0~999.9 Ω)、滑线变阻器(0~470 Ω)、可调直流稳压电源(0~1.999 V)、导线若干。

【实验原理】

1. 测量表头的 I_g 和 R_g

I_g 是表头指针指示满偏刻度时所允许通过的电流,也称满偏电流;R_g 是表头内阻,本实验采用替代法测量 R_g。

如图 5-1 所示,当把表头接入电路时,调节直流稳压电源 E 和滑线变阻器 R_1 使表头指针指示满偏刻度,记下此时标准电流表的示数。由串联电路的特点可知:标准电流表的示数

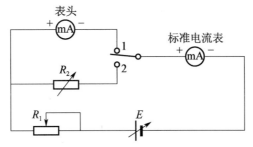

图 5-1 替代法测量表头的内阻

即为表头的满偏电流 I_g。在直流稳压电源 E 和滑线变阻器 R_1 保持不变的情况下,用电阻箱 R_2 替代表头的位置接入电路,并调节电阻箱 R_2 使标准电流表的示数仍为替代前的数值,此时电阻箱 R_2 的读数等于表头内阻 R_g。

2. 将表头改装成大量程的电流表

若将表头改装成大量程的电流表,只需在表头的两端并联一个分流电阻 R_p,如图 5-2 所示。根据并联电路的分流原理,通过表头的电流为满偏电流 I_g,超出 I_g 的那部分电流从分流电阻 R_p 上流过;这样,分流电阻 R_p 和表头就构成了改装电流表。

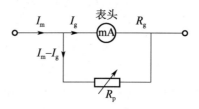

图 5-2 并联分流电阻改装成电流表

设改装电流表的量程为 I_m,根据并联电路的特点,由欧姆定律可得

$$(I_m - I_g)R_p = I_g R_g \tag{5-1}$$

$$R_p = \frac{I_g}{I_m - I_g} R_g \tag{5-2}$$

令 $n = \dfrac{I_m}{I_g}$,则

$$R_p = \frac{R_g}{n-1} \tag{5-3}$$

可见,要将表头的满偏电流 I_g 扩大 n 倍,仅需给表头并联一个大小为 $\dfrac{R_g}{n-1}$ 的分流电阻 R_p。

3. 将表头改装成大量程的电压表

若将表头改装成大量程的电压表,只需给表头串联一个分压电阻 R_S,如图 5-3 所示。根据串联电路的分压原理,表头所分担的电压为 $U_g = I_g R_g$,超出 U_g 的那部分电压 U_S 被分压电阻 R_S 分担。这样,表头和分压电阻 R_S 就构成了改装电压表。

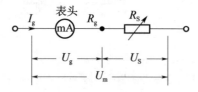

图 5-3 串联分压电阻改装成电压表

设改装电压表的量程为 U_m,根据串联电路的特点,由欧姆定律可得

$$I_g(R_g+R_S)=U_m \tag{5-4}$$

即有

$$R_S=\frac{U_m}{I_g}-R_g \tag{5-5}$$

可见分压电阻 R_S 与三个因素有关,分别是表头内阻 R_g、表头的满偏电流 I_g 和改装电压表的量程 U_m。

4. 电表的校准

所谓校准就是在对同一对象(如电流或电压)同时进行测量时,将改装电表的读数与标准电表的示数进行比较,分析它们的相符程度。

电表的校准通常要做到以下三点。

(1)校准零点:即在电路没有接通之前,对表头作机械调零。

(2)改装电表:在图 5-4 和图 5-5 中,通过调节直流稳压电源 E、滑线变阻器 R_1 和电阻箱 R_2,使标准电表的示数与改装电表的满偏量程一致,此时电阻箱 R_2 的示数即为并联电阻或串联电阻的阻值;否则,需要反复调节,直至达到要求。

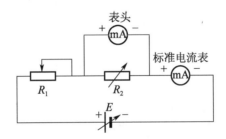

图 5-4 改装电流表的电路图

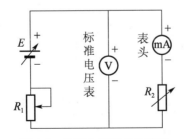

图 5-5 改装电压表的电路图

(3)校准刻度:把改装电流(压)表的指针等间隔单调上升和单调下降各一次指示在同一刻度上,分别读取标准电流(压)表的示数并将两次的读数取平均记为 I_S(或 U_S),把改装电流(压)表在对应刻度上的读数记为 I_X(或 U_X),计算出修正值 $\Delta I_X=I_X-I_S$(或 $\Delta U_X=U_X-U_S$)。以改装电流(压)表的读数 I_X(或 U_X)为横轴、修正值 ΔI_X(或 ΔU_X)为纵轴,绘制改装

电流(压)表的校准折线图 ΔI_X—I_X(或 ΔU_X—U_X),分别如图 5-6 和图 5-7 所示。

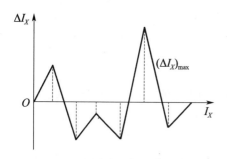

图 5-6　改装电流表的校准折线图

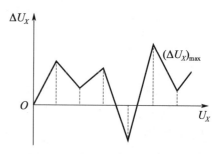

图 5-7　改装电压表的校准折线图

5. 确定改装电表的准确度等级

准确度等级反映了电表误差的大小;我国国标(GB)规定指针式直流电表的准确度等级为七级:0.1、0.2、0.5、1.0、1.5、2.5、5.0。以改装电流表为例来说明准确度等级的确定方法。如图 5-6 所示,通过对改装电流表的校准,我们可以得到改装电流表在各个刻度上的绝对误差,即修正值 ΔI_X。选取其中最大的绝对误差 $(\Delta I_X)_{\max}$ 除以改装电流表的量程 I_m,可以作为改装电流表的标称误差:

$$a\% = \frac{(\Delta I_X)_{\max}}{I_m} \times 100\% \tag{5-6}$$

即

$$a = \frac{(\Delta I_X)_{\max}}{I_m} \times 100 \tag{5-7}$$

在数据处理的过程中,我们得出的 a 值应该与国家的电表级别相统一。例如,如果 $a = \frac{(\Delta I_X)_{\max}}{I_m} \times 100 = 0.87$,由于 0.87 介于国家标准的 0.5 和 1.0 之间,为保险起见,应将改装电流表的级别定得低一些,取 1.0 级。值得注意,如果算出的 a 值小于表头的准确度等级,则取表头的准确度等级为改装表的准确度等级。

【实验内容和步骤】

1. 测量表头的满偏电流 I_g,用替代法测量表头的内阻 R_g

2. 将表头改装成量程为 10 mA 的电流表

(1) 根据式(5-2)计算出分流电阻的理论值 R_p。

(2) 根据满偏量程,测出 R_p 的实际值。

(3) 校准刻度。

(4) 绘制校准折线图。

(5) 确定改装电流表的准确度等级 a。

3. 将表头改装成量程为 1 V 的电压表

(1) 根据式(5-5)计算出分压电阻的理论值 R_S。
(2) 根据满偏量程,测出 R_S 的实际值。
(3) 校准刻度。
(4) 绘制校准折线图。
(5) 确定改装电压表的准确度等级 a。

【数据记录与处理】

1. 改装电流表数据记录(见表 5-1 和表 5-2)

表 5-1

表头的量程 I_g(mA)	改装电流表量程 I_m(mA)	表头的内阻 R_g(Ω)	扩程电阻 R_p(Ω)	
			计算值	实际值

表 5-2

改装电流表读数 I_X/mA	标准电流表读数 I_S(mA)			修正值 ΔI_X(mA)
	上升	下降	平均值	
1.0				
2.0				
3.0				
4.0				
5.0				
6.0				
7.0				
8.0				
9.0				
10.0				

2.改装电压表数据记录(见表 5-3 和表 5-4)

表 5-3

表头的量程 I_g(mA)	改装电压表量程 U_m(V)	表头的内阻 R_g(Ω)	扩程电阻 R_S(Ω)	
			计算值	实际值

表 5-4

改装电压表读数 U_X(V)	标准电压表读数 U_S(V)			修正值 ΔU_X(V)
	上升	下降	平均值	
0.1				
0.2				
0.3				
0.4				
0.5				
0.6				
0.7				
0.8				
0.9				
1.0				

【注意事项】

(1)注意流过表头电流的正负方向和量程,以免在出现反偏或过量程时,指针式仪表指针出现"打针"现象。

(2)标准电流表和标准电压表仅作校准时的标准。

【思考题】

(1)是否还有别的方法来测量电流计内阻?能否用欧姆定律来进行测量?能否用电桥来进行测量而又保证通过电流计的电流不超过 I_g?

(2)校准电流表(电压表)时发现改装表的读数比标准表的读数偏高(偏低),试问要达到校准表的数值,改装表的分流电阻(分压电阻)应调大还是调小?

实验六　用电位差计测电源电动势

电位差计是用来精确测量电池电动势或电位差的专门仪器。如果用电压表测电位差或电动势,由于电压表自身的内阻在电路中有分流作用,往往产生较大的测量误差。而用电位差计测电位差或电动势时,却不存在这个问题。

【实验目的】

(1)理解电位差计的工作原理——补偿原理。
(2)了解电位差计的结构,正确使用电位差计。
(3)掌握十一线式电位差计测量电源电动势的方法。

【实验器材】

十一线式电位差计(仪器本身还含有标准电池、检流计或毫伏表、待测电源、稳压电源、保护电路)。

【实验原理】

电源的电动势在数值上等于电源内部没有净电流通过时两极间的电压。如果直接用电压表测量电源电动势,其实测量结果是路端电压,不是电动势。因为将电压表并联到电源两端,就有电流 I 通过电源的内部。由于电源有内阻 r_0,在电源内部不可避免地存在电位降 Ir_0,因而电压表的指示值只是电源的端电压($U=E-Ir_0$)的大小,它小于电动势。显然,为了能够准确地测量电源的电动势,必须使通过电源的电流 I 为零。此时电源的路端电压 U 才等于其电动势 E。

1. 补偿原理

如图 6-1 所示,把可调标准电源 E_S、待测电动势 E_X 和检流计 G 联成闭合回路。若 $I=0$,则 $E_X=E_S$,我们称这两个电动势处于补偿状态。

实验中的可调标准电源是由稳压电源、可变电阻和 11 m 长的均匀电阻丝构成。电阻丝上单位长度的电压降要用标准电池进行标定。标准电池能提供 1.018 6 V 精确的电压值,但几乎不能承受电流,它只能在零电流下作为电压的标准使用。

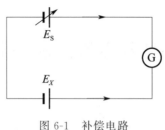

图 6-1 补偿电路

2. 电位差计的工作原理

如图 6-2 所示，AB 为一根粗细均匀的电阻丝与直流电源 E 组成的回路称作工作回路，由它提供稳定的工作电流 I_0；由标准电池 E_0、检流计 G、电阻丝 CD 构成的回路称为定标（或校准）回路；由待测电源 E_X、检流计 G、电阻丝 CD 构成的回路称为测量回路。调节总电流 I_0 可以改变电阻丝 AB 单位长度上电位差 U_0 的大小。C、D 为 AB 上的两个活动接触点，可以在电阻丝上移动，以便从 AB 上取适当的电位差来与测量支路上的电动势补偿。

定标：当 K_1 闭合直流电源接通，K_2 既不与 E_0 接通又不与 E_X 接通时，流过 AB 的电流 I_0 为 $I_0 = \dfrac{E}{R + R_{AB}}$，式中 R 为直流电源内阻和滑动变阻器电阻之和。当开关 K_2 倒向 1 时，则 CD 两点间接有标准电池 E_0 和检流计 G。选择 CD 间的长度在数值上与标准电池的电动势对应，即选择 CD 间的长度为 $L_{CD} = L_S = 10.186$ m，调节 E 和 R，让检流计的指针指零，标准电源上无电流流过，此时 U_{CD} 等于标准电源 E_0 的电动势，电位差计达

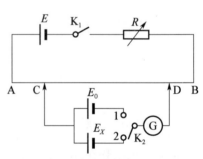

图 6-2 电位差计原理图

到了平衡。因为电阻丝各处粗细均匀、电阻率都相等，所以电阻丝单位长度上的电压降为 $\dfrac{E_0}{L_S} = 1.0186 \text{ V}/10.186 \text{ m} = 0.10000 \text{ V/m}$。

测量：在保证以上工作电流 I_0 不变（E 和 R 不再改变）的条件下，将 K_2 拨向 2，则 CD 两点间原来接的标准电池 E_0 换接到待测电源 E_X，由于一般情况下 $E_0 \neq E_X$，因此检流计的示数不为零，电位差计失去了平衡。此时如果合理移动 C 点和 D 点的位置以改变 U_{CD}，当 $U_{CD} = E_X$ 时，电位差计又重新达到平衡，使检流计 G 的示数再次为零。设 C、D 两点之间现在的距离为 L_x，则待测电池的电动势为 $E_X = E_0 L_X / L_S$，即 $E_X = 0.10000 L_X$ V。

所以，调节电位差计平衡后，只要准确量取 L_x 值就很容易得到待测电源的电动势。这就是用补偿法测电源电动势的原理。

【实验内容】

(1) 按图 6-3 所示连接好电路。

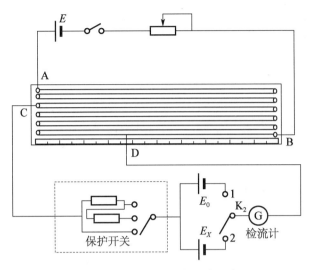

图 6-3 十一线式电位差计电路

(2) 定标:接通电源 E,K_2 倒向"1",选取 L_S 的长度为 10.186 m,将"C"插入适当的插孔,"D"调到适当的位置。调节 E 和 R,使 G 的示数变为零。(G 取小量程)

(3) 测量:K_2 倒向"2",改变"C"、"D"的位置使 G 的示数重新变为零(这个过程 G 先取大量程,后取小量程),记录 L_x 的值。计算 E_x 的值。重复定标三次,测量三次,将三次的数据记入表 6-1 中,比较结果并计算电动势的平均值。(注意,测量过程不能再调节 E 和 R)

选做:选取不同的 L_S(选择电阻丝单位长度上的压降,一般取 0.1~0.5 V/m,可求出相应的 L_S),即重新定标进行测量,看看结果的精度有无变化,想想这样变动适用于什么场合。

表 6-1 电位差计实验记录

待测试样	次数	定标 L_S(m)	测量 L_X(m)	E_X(V)	$\overline{E_X}$(V)
E_{x1}	1				
	2				
	3				
E_{x2}	1				
	2				
	3				

【注意事项】

(1) 工作电源及待测电动势的极性绝对不可接错,否则得不到电压补偿,若按下电键按钮,检流计中将有很大电流通过,易使仪器损坏。

(2) 在测量过程中,由于工作条件随时发生变化,如辅助回路电源 E 不稳定等因素,为使工作电流保持标准,测量结果准确,应经常校正工作电流。

【思考题】

(1) 如何利用低量程电位差计校准比其量程高的电压表?请设计一简单电路。

(2) 怎样运用电位差校准一电流表?请设计一简单电路。

(3) 当用电位差计去测未知电动势时,发现无论如何也调不到平衡,分析哪些因素会导致上述现象发生?

(4) 怎样用电位差计测量待测电阻的阻值?

实验七 电场的描绘

在科学研究和工程技术实践中,通常需要知道某些带电体周围的静电场分布情况。虽然可以通过数学计算来了解带电体周围的静电场分布,但是带电体的形状一般都比较复杂,往往很难找到相应的数学表达式。本实验利用稳恒电流场模拟描绘静电场,从而间接地了解带电体周围空间的静电场分布。

【实验目的】

(1)了解用模拟法测绘电场分布的原理。
(2)用模拟法测绘静电场的分布,分别作出等势线和电场线。

【实验器材】

静电场描绘实验仪,双层式有机玻璃结构静电场描绘装置,电极板,同步探针,游标卡尺。

【实验原理】

1. 用稳恒电流场模拟描绘静电场的理论依据

由电磁场理论可知:当介质中无电流源时,稳恒电流场中的电流密度矢量 J 满足方程:

$$\oint_L \boldsymbol{J} \cdot \mathrm{d}\boldsymbol{L} = 0 \tag{7-1}$$

当介质中无自由电荷时,静电场中的电场强度矢量 E 满足的方程:

$$\oint_L \boldsymbol{E} \cdot \mathrm{d}\boldsymbol{L} = 0 \tag{7-2}$$

由以上可知:式(7-1)和式(7-2)有相同的表达形式,在相似的场源分布和相似的边界条件下,它们的解也具有相同的数学形式。均匀导电介质中稳恒电流场与均匀电介质中(或真空中)的静电场具有相似的形式,可以用对稳恒电流场分布规律的研究替代对静电场分布规律的研究。

2. 用稳恒电流场模拟描绘静电场的模拟条件

为保证模拟描绘的结果与实际相符,本实验过程需要满足以下条件:
(1)稳恒电流场中应选用电阻率均匀且各向同性的导电材料为导电介质;
(2)模拟电极的形状、位置、电极间的电压应与被模拟静电场中的带电体相同或量值成比例地相似；

（3）要求制造电极的金属材料其电导率必须比导电介质的电导率大得多，以保证电极尽量接近等势体。

3. 用稳恒电流场模拟描绘静电场的过程

为了避免直流电压长时间加在电极上，致使电极产生"极化作用"，从而影响电流场的空间分布；本实验在两极间通以交流电压，该交流电压的有效值与直流电压是等效的，所以其模拟的效果和位置完全与直流电流场相同。同时，为了减少用电压表测量电势时引入的系统误差，我们采用高内阻的交流数字电压表进行测量。实验线路如图 7-1 所示。

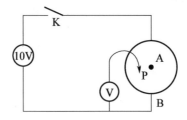

图 7-1　实验线路图

同步探针的探针座上装有两根长短相同的弹簧片。其中，上弹簧片的末端装有一根细而圆滑的钢针，称为描点针；下弹簧片的末端装有一根很细的铜棒，铜棒的下端套有导电性能良好的橡胶头，铜棒和导电橡胶头一起称为探测针。

在图 7-2 所示双层式有机玻璃静电场描绘装置的下层放置电极板，上层放置描点用的白纸；P 是同步探针的探测针，P′ 是同步探针的描点针。

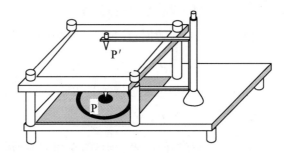

图 7-2　双层式有机玻璃静电场描绘装置

在实验过程中，探测针是用来测量电极间稳恒电流场中各点的电势，描点针略向上翘起。两探针处于同一铅直线上，当探测针在电极板上自由移动并探出各点电势时，用手指轻轻按下描点针的揿钮，描点针的针尖就可以在白纸上打出相应的点。

由电磁学理论可知：电场强度在数值上等于电势梯度，方向指向电势降落的方向。考虑到电场强度 E 是矢量，电势 U 是标量；从实验测量来讲，测量电势比测量电场强度容易实现。因此，在实验中可以先测出稳恒电流场中的电势分布，作出等势面(线)；再根据电场线和等势面(线)处处正交的性质作出电场线,电场线上每一点的切线方向表明该点电场强度的方向。若要定量讨论静电场的分布,则可以根据场强与电势的电势梯度关系,求出强度的数值。

【实验内容与步骤】

(1)按要求连接电路,经教师检查无误后打开电源开关。
(2)将白纸平铺在静电场描绘装置的上层并用磁条固定。
(3)将静电场描绘实验仪的电源输出电压调节到 10 V。
(4)移动同步探针,用探测针在电极板上分别探测出电势最高点和电势最低点,用描点针在白纸上分别打点,并标明电势值和单位。
(5)移动同步探针,用探测针对称且均匀地在电极板上探测出 2 V 的电势及其等势点,用描点针在白纸上进行打点,并标明电势值和单位。
(6)让探测针在两极间慢慢移动,依次探测 3 V、4 V、5 V、6 V、7 V、8 V 的电势及其等势点,用描点针在白纸上进行打点,并标明电势值和单位。
(7)更换不同形状的如平行板电极、聚焦电极电极板,重复上面的步骤。
(8)实验结束后,关闭电源,整理好导线和电极板。

【数据记录与处理】

(1)用平滑曲线将测得的各等势点连成等势线,并标出每条等势线对应的电势值。
(2)在等势线分布图上,均匀且对称地画出至少八条电场线,注意电场线的箭头方向以及电场线与等势线的正交关系。
(3)对同轴圆柱电极的测绘结果为一系列同心圆。让电极间的电压为 10 V,用游标卡尺测 2 V、4 V、6 V、8 V 等位线同心圆的直径 D,根据曲线改直的需要计算 $\ln r$,填入表 7-1 中。作 V—$\ln r$ 图。

表 7-1 同轴圆柱电极电场的等位线

等位线电压 V(V)	2	4	6	8
等位线直径 D(mm)				
$\ln r$				

【注意事项】

(1)电极板和探针应与导线保持良好的接触。
(2)测绘前先分析一下电极周围等势线的形状,对等势点的位置作一估计,以便有目的地进行探测。为保证测绘的准确性,每条等势线上不得少于 10 个测量点。
(3)操作时,右手平稳地移动探针架,同时注意保持探针 P、P′ 处于同一铅直线上,以免测绘结果失真。

(4)探针每次应该从外向里或者从里向外沿一个方向移动,探测一个点时不要来回移动测量,因为探针能够小幅转动,向前或向后测量同一点会导致打点出现偏差。

【思考题】

(1)用电流场模拟静电场的理论依据是什么?等势线的疏密说明了什么问题?

(2)如果电源电压增加一倍,等势线和电场线的形状是否发生变化?电场强度和电势分布是否发生变化?为什么?

实验八　学习使用示波器

示波器是一种用途广泛的基本电子测试仪器,用它能观察并测量电信号的波形,测量幅度、相位和频率等电参数。

【实验目的】

(1)了解示波器的主要组成部分及其工作原理。
(2)学习使用示波器的基本方法。

【实验器材】

MOS-620CH 型模拟示波器,YB1602P 功率函数发生器,数字示波器。

【实验原理】

1. 示波器的结构

示波器有不同型号和规格,对于模拟示波器,其结构大都由图 8-1 所示的几个基本组成部分:示波管(含荧光屏)、X 轴放大器、锯齿波发生器(又称扫描与同步系统)、Y 轴放大系统等部分组成。

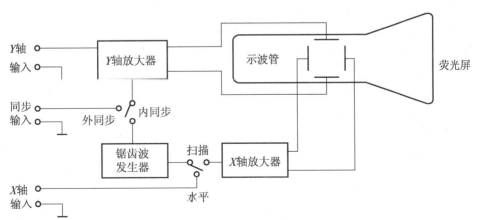

图 8-1　示波器的结构框图

为了适应多种量程,示波器内还会带有衰减器,对于不同大小的信号,经衰减器分压后,得到大小相同的信号,经过放大器后产生大约 20 V 电压送至示波管的偏转板。

1) 示波管

示波管是示波器的核心部件,其基本结构如图 8-2 所示,外观是一个呈喇叭形的玻璃泡,里面抽成真空,内部有电子枪和两对相互垂直的偏转电极,喇叭口的壁上涂有荧光物质,构成荧光屏。

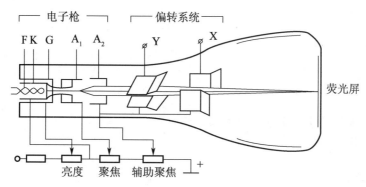

图 8-2 示波管结构图

F—灯丝;K—阴极;G—控制栅极;A_1—第一阳极;
A_2—第二阳极;Y—竖直偏转板;X—水平偏转板

电子枪由灯丝(F)、阴极(K)、控制栅极(G)、第一阳极(A_1)和第二阳极(A_2)五部分组成。灯丝加热后发射电子。控制栅极(G)是一个前端有小孔的圆筒,套在阴极外面。它的电位比阴极低,对阴极发射出来的电子起控制作用,只有初速度较大的电子才能通过栅极(G)前端的小孔,然后在阳极加速下奔向荧光屏。示波器面板上的"辉度"调整就是通过调节栅极电位以控制射向荧光屏的电子流密度,从而改变屏上的光斑亮度。阳极电位比阴极电位高很多,电子束被它们之间的电场加速,形成射线。当控制栅极(G)、第一阳极(A_1)和第二阳极(A_2)之间的电位差调节合适时,电子枪内的电场对电子射线有会聚作用,所以第一阳极(A_1)也称聚焦阳极。第二阳极(A_2)电位更高,又称加速阳极。面板上的"聚焦"调节就是调节第一阳极(A_1)电位,使荧光屏的光斑成为明亮、清晰的小圆点。调节第二阳极(A_2)电位,就是调节示波器的"辅助聚焦"。

2) 垂直放大系统、水平放大系统

一般示波器的垂直与水平偏转板的灵敏度不高(0.1~1.0 mm/V),当加在偏转板上的信号电压较小时,电子束不能发生足够的偏转,以致使荧光屏上光点位移很小。为了在荧光屏上得到便于观察的图形,需要预先把小的输入信号经过放大后再加到偏转板上,因此示波器设置了垂直、水平放大电路,信号在输入偏转板前先经过放大电路再加到两对偏转板上。调节水平、垂直放大电路,分别改变图形在 X 方向、Y 方向上的大小,以便得到合适的观测图形。

2. 扫描与同步的作用

观测待测信号时,要求将待测信号加到示波器 Y 轴偏转板上,X 轴偏转板上加锯齿波的扫描电压,当扫描信号和待测信号同步时,示波器显示稳定的待测信号波形。

(1)当偏转电极 X_1X_2 和 Y_1Y_2 不加电压时,电子枪发射出的电子打在荧光屏上,在那里产生一个亮点。

(2)若在偏转电极 Y_1Y_2 上加电压,电子将在竖直方向上发生偏转;若在 X_1X_2 上加电压,电子将在水平方向上发生偏转,从而使亮斑的位置发生改变。

(3)当所加电压恒定时,亮斑的位置是固定的。

(4)当所加电压变化时,亮斑的位置是移动的。

(5)如果所加电压变化很快,那么亮斑的位置变化就会很快,看到将是一条亮线。如果所加电压是周期性变化的,则荧光屏上显示的亮线也将随周期发生变化。

若在 X 轴偏转板加上波形为锯齿形的电压,在荧光屏上看到的是一条水平线,如图 8-3 所示。

如果在 Y 轴偏转板上加正弦电压,而 X 轴偏转板不加任何电压,则电子束的亮点在纵方向随时间作正弦式振荡,在横方向不动。我们看到的将是一条垂直的亮线,如图 8-4 所示。

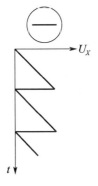
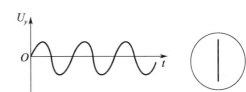

图 8-3　锯齿形的电压　　　　　　　图 8-4　正弦式振荡

如果在 Y 轴偏转板上加正弦电压,又在 X 轴偏转板上加锯齿形电压,则荧光屏上的亮点将同时进行方向互相垂直的两种位移。如果正弦波与锯齿波的周期(频率)相同,这个正弦图形将稳定地停在荧光屏,如图 8-5 所示,即当 X 方向加上的锯齿波电压按 $A_xB_xC_xD_xE_x$ 变化,Y 方向加上正弦电压按 $A_yB_yC_yD_yE_y$ 同时变化,光点在荧光屏上就按照路径 $ABCDE$ 出现,我们就看到了正弦波形。

如果正弦波与锯齿波的周期稍有不同,则第二次所描出的曲线将和第一次的曲线位置稍微错开,在荧光屏上将看到不稳定的图形或不断移动的图形。由此可见:

(1)要想看到 Y 轴偏转板电压的图形,必须加上 X 轴偏转板电压把它展开,这个过程称为扫描;

(2)要使显示的波形稳定,Y 轴偏转板上信号电压频率与 X 轴偏转板上扫描电压频率相同或是其整数倍。

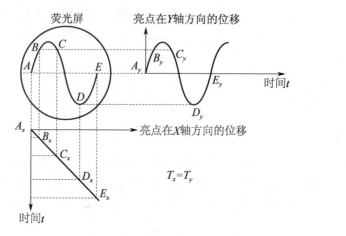

图 8-5　显示正弦波形原理

示波器中的锯齿扫描电压的频率虽然可调,但要准确地满足上式,只靠人工调节还是不够的,待测电压的频率越高,越难满足上述条件。为此,在示波器内部加装了自动频率跟踪的装置,称为"自动同步",扫描电压的周期就能准确地等于待测电压周期的整数倍,从而获得稳定的波形。

3. 李萨如图形

如果在 X 方向不加示波器上自带的扫描电压而外接信号电压,同时在 Y 方向加另一信号电压,则荧光屏上显示的就是两个互相垂直的电信号的叠加。如果这两个信号的频率相同或成简单整数倍,在荧光屏上就会出现稳定的平滑的封闭曲线,这就是李萨如图形。

将示波器上的"TIME/DIV"旋钮顺时针方向旋至"X-Y"位置,这就是说,示波器内部的扫描电压不再起作用,外接信号直接加到 X 轴与 Y 轴偏转板上。如果 Y 轴加正弦电压,X 轴也加正弦电压,得出的图形将是李萨如图形。其操作步骤如下。

(1)CH1 通道输入正弦信号:将示波器自带的 50 Hz 的交流信号从 CH1 通道输入示波器。

(2)CH2 通道输入另一正弦信号,调节数字函数信号发生器的输出频率,使示波器上依次显示 $f_y:f_x=1:1,1:2,1:3,2:3$ 等各频率比的李萨如图形,如表 8-1 所示。

李萨如图形可以用来测量未知频率。令 f_y、f_x 分别代表 Y 轴和 X 轴电压的频率,n_x 代表 X 方向的切线和图形相切的切点数,n_y 代表 Y 方向的切线和图形相切的切点数,则有 $\dfrac{f_y}{f_x}=\dfrac{n_x}{n_y}$。如果频率比值 $f_x:f_y$ 为整数比,合成运动轨迹是一个封闭图形。

表 8-1 李萨如图形举例表

$f_x:f_y$	1:1	1:2	1:3	2:3	3:2	3:4	2:1
李萨如图形							
N_x	1	1	1	2	3	3	2
N_y	1	2	3	3	2	4	1
f_y/Hz	100	100	100	100	100	100	100
f_x/Hz	100	200	300	150	$66\frac{2}{3}$	$133\frac{1}{3}$	50

【实验内容与步骤】

1. 电压测量

示波器的荧光屏上标有坐标,其中水平方向表示时间(T),垂直方向表示电压(V)。相应的扫描挡位告诉我们每一格表示多少时间(TIME/DIV)(每一格代表多少秒或多少毫秒、微秒),由此可以据此判断图形的周期。垂直方向表示电压,通常显示 VOLTS/DIV(每一格代表多少伏特)。

在测量时一般把"VOLTS/DIV"开关的微调装置以顺时针方向旋至满刻度的校准位置,这样可以按"VOLTS/DIV"的指示值直接计算被测信号的电压幅值。

由于被测信号有交流和直流两种,因此在测试时应根据下述方法操作。

测量交流电压,应将 Y 轴输入耦合方式开关置"AC"位置;测量直流电压或变化很缓慢的脉动电压时则将 Y 轴输入的耦合方式置于"DC"位置。调节"VOLTS/DIV"开关,使波形在屏幕中的显示幅度适中,调节"电平"旋钮使波形稳定,分别调节 Y 轴和 X 轴位移,使波形显示值方便读取,如图 8-6 所示。根据"VOLTS/DIV"的指示值和波形在垂直方向显示的(DIV)格数读出。

V_{p-p} 表示由峰值的顶部到峰值的底部的电压,如果使用的探头置 10:1 位置,应将该值乘以 10。

2. 频率测量

调整垂直和水平移位电位器,使波形中对应一个周期的两点位于荧光屏中央水平刻度线上。读出两点之间的水平距离(格数)B,根据公式 $T=B\times\text{TIME/DIV}$ 算出其周期(如果水平扩展几倍,则还应除以相应的倍数)。周期的倒数即为频率。

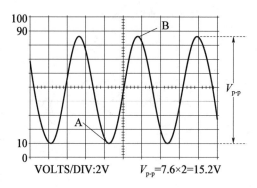

图 8-6 交流电压的测量

3. 观察李萨如图形

X-Y 方式的操作:将"TIME/DIV"开关逆时针方向旋至"X-Y"位置,由"CH1 OR X"端口输入 X 轴信号,X 轴通常输入的是示波器自带的 50 Hz 的正弦信号;由 CH2 端口输入 Y 信号,通常由一个函数信号发生器供给,选择产生的是正弦信号,改变正弦信号的频率,当该频率为正弦信号的整数倍时,屏上显示稳定的李萨如图形。

例如,$f_y:f_x=1:1$ 的李萨如图形,如图 8-7 所示。

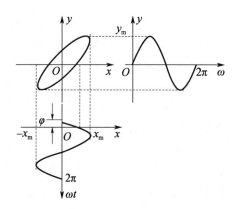

图 8-7 李萨如图形显示原理

【数据记录及处理】

表 8-2 为未知信号的测量。

表 8-2　未知信号的测量

	VOLTS/DIV（伏特/格）	DIV（格）	V_{p-p}	$V_{有效}$	TIME/DIV（时间/格）	DIV（格）	周期	频率
待测信号 a								
待测信号 b								
待测信号 c								

【思考题】

(1)能否用示波器的"同步"将其稳定下来？如果不能是什么原因？

(2)示波器能否用来测量直流电压？如果能,应如何操作？

附录:数字示波器简介

数字存储示波器是新一代的示波器,它把输入的模拟信号转换成数字信号,采用液晶显示屏,像计算机一样,它内部编有很多程序和命令,所以它不仅能显示信号,而且能对信号进行各种各样的处理,如存储比较、数学运算等,数字示波器比模拟示波器更先进,功能更强大,使用更方便,如图 8-8 所示。

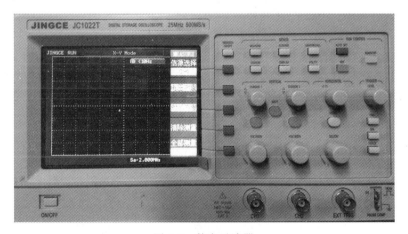

图 8-8　数字示波器

1. 电压、周期测量

数字示波器的外形如图 8-9 所示,先单击"MEASURE"(测量)按钮,屏幕右侧显示一列中文的功能提示,继续单击"电压测量"或"时间测量"按钮就可以测得相应的值。显示区坐标格子的读法与模拟示波器同。不同的是下方还有一行小字给出了具体数值,告诉我们现在正显示的是第一通道(CH1)上信号电压的波形,竖直方向每格代表 10 mV,水平方向表示每格代表 100 μs。

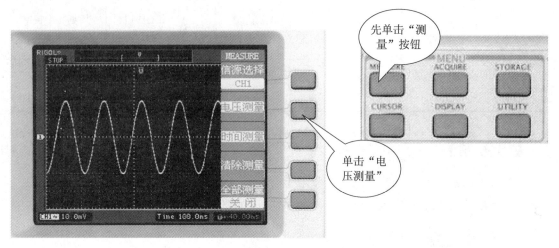

图 8-9　屏幕显示正弦电压波形

2. 观察李萨如图形

将 CH1、CH2 通道分别输入待测信号,再单击水平控制区的"HORIZ"按钮,根据屏幕右边列出的按键提示,改变时基使"Y-T"切换为"X-Y",如图 8-10 所示显示李萨如图形。

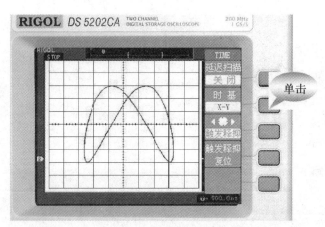

图 8-10　时基"Y-T"改为"X-Y"显示李萨如图形

【思考题】

(1)在测量时,数字示波器和模拟示波器相比有哪些优点?请举例说明。

实验九　霍尔效应实验

霍尔效应是 1879 年由美国霍普金斯大学的研究生霍尔在研究载流导体在磁场中的受力性质时发现的。利用霍尔效应可以测量某点的磁场,还可以利用它来判断半导体中的载流子浓度和半导体的类型。利用霍尔效应原理制成的霍尔元件(磁电传感器)大量的应用在各种自动控制和物理实验的测量中,如一辆轿车上就有 30 多处应用了霍尔元件。

【实验目的】

(1)了解霍尔效应实验原理及霍尔元件有关参数的含义和作用。

(2)学习用"对称交换测量法"消除副效应产生的系统误差,测绘霍尔元件的 V_H-I_S 和 V_H-I_M 曲线,并测量磁感应强度 B 及描绘磁场分布。

(3)确定霍尔元件的导电类型、载流子浓度及迁移率。

【实验器材】

霍尔效应实验仪(见图 9-1)由励磁线圈、带隙的铁芯、霍尔元件及三个换向开关组成,测试仪提供线圈的励磁电流 I_M,霍尔元件的工作电流 I_S 及测量霍尔电压 V_H 的毫伏表组成。

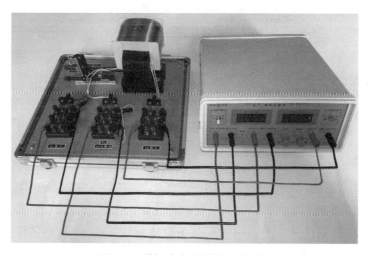

图 9-1　霍尔效应实验仪及测试仪

【实验原理】

1. 基本原理

霍尔效应从本质上讲是运动的带电粒子在磁场中受洛伦兹力作用而引起的偏转。当这些带电粒子(电子或空穴)是被约束在固体材料中时,这种偏转就导致负(或正)电荷在垂直电流和磁场的方向的一侧产生聚积,从而形成附加的横向电场,即霍尔电场。

如图 9-2 所示,磁场 B 位于 Z 的正向,与之垂直的半导体薄片上沿 X 正向通以电流 I_s (称为工作电流),假设载流子为电子(N 型半导体材料),它沿着与电流 I_s 相反的 X 负向运动。由于洛伦兹力 f_L 作用,电子即向图中虚线箭头所指的(位于 Y 轴负方向的) N 侧偏转,并使 N 侧形成电子积累,而相对的 M 侧形成正电荷积累。同时形成的电场对载流子有电场力 f_E 的作用,电场力与洛伦兹力方向相反。随着电荷积累的增加, f_E 增大,当两力的大小相等时,电子积累便达到动态平衡。这时在 M、N 两端面之间建立的电场称为霍尔电场 E_H,相应的电势差称为霍尔电压 V_H。

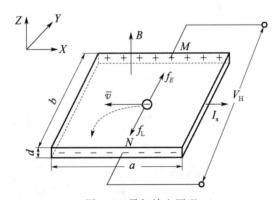

图 9-2　霍尔效应原理

设电子按平均速度 $\bar{v}$ 向图 9-2 所示的 X 负方向运动,在磁场 B 作用下所受洛伦兹力为

$$f_L = -e\bar{v}B \tag{9-1}$$

式中,e 为电子电量;$\bar{v}$ 为电子漂移的平均速度;B 为磁感应强度。

同时,作用于电子的电场力为

$$f_E = -eE_H \tag{9-2}$$
$$= -e\frac{V_H}{b}$$

式中,E_H 为霍尔电场强度;V_H 为霍尔电压;b 为霍尔元件宽度。

当达到动态平衡时,有 $f_L = f_E$

即有
$$\bar{v}B = \frac{V_H}{b} \tag{9-3}$$

设霍尔元件厚度为 d，载流子浓度为 n，则霍尔元件的工作电流为
$$I_S = ne\bar{v}bd \tag{9-4}$$
由式(9-3)、式(9-4)两式可得
$$V_H = E_H b = \frac{1}{ne}\frac{I_S B}{d} = R_H \frac{I_S B}{d} \tag{9-5}$$

即霍尔电压 V_H（M、N 间电压）与 I_S、B 的乘积成正比，与霍尔元件的厚度成反比，比例系数 $R_H = \frac{1}{ne}$ 称为霍尔系数，它是反映材料霍尔效应强弱的重要参数，只要测出 V_H(V) 以及 I_S(A)、B(Gs) 和 d(m)，可按下式计算 R_H(m^3/C)。实验计算时，采用以下公式：
$$R_H = \frac{V_H d}{I_S B} \tag{9-6}$$

对于成品的霍尔元件，即材料和厚度已知，设
$$K_H = \frac{R_H}{d} \tag{9-7}$$
将式(9-7)代入式(9-5)中得
$$V_H = K_H I_S B \tag{9-8}$$

式中，K_H 称为元件的灵敏度，它表示霍尔元件在单位磁感应强度和单位工作电流下的霍尔电压大小，其单位为 mV/(mA·T) 或 mV/(mA·kGS)。一般要求 K_H 越大越好，由于金属的电子浓度(n)很高，所以它的 R_H 或 K_H 都不大，因此不适宜作霍尔元件。此外元件厚度 d 越薄，K_H 越高，所以制作时，往往采用减少 d 的办法来增加灵敏度，但也不能认为 d 越薄越好，因为此时元件的电阻将会增加。

由于霍尔效应的建立所需时间很短($10^{-12} \sim 10^{-14}$ s)，因此使用霍尔元件时用直流电或交流电均可。只是使用交流电时，所得的霍尔电压也是交变的，此时，式(9-8)中的 I_S 和 V_H 应理解为有效值。

根据 R_H 可进一步确定以下参数。

(1) 由 R_H 的符号(或霍尔电压的正、负)判断试样的导电类型。

N 型半导体的多数载流子为电子，P 型半导体的多数载流子为空穴。对 N 型试样，霍尔电场逆 Y 方向；P 型试样则沿 Y 方向。有
$$I_S(x)、B(z) \quad \begin{array}{l} E_H(y) < 0 (\text{N 型}) \\ E_H(y) > 0 (\text{P 型}) \end{array}$$

判断的方法是按图 9-2 所示的 I_S 和 B 的方向，若测得的 $V_H < 0$（点 M 的电位低于 N 点的电位），样品属 N 型，反之则为 P 型。

(2) 由 R_H 求载流子浓度 n。
$$n = \frac{1}{R_H e}$$

(3) 结合电导率的测量,求载流子的迁移率 μ。

迁移率是指载流子(电子或空穴)在单位电场作用下的平均漂移速度,即载流子在电场作用下运动速度快慢的量度,运动得越快,迁移率越大;运动得越慢,迁移率越小。电导率的物理意义是表示物质导电的性能。电导率 σ 与载流子浓度 n 以及迁移率 μ 之间有如下关系:

$$\sigma = ne\mu$$

由比例系数 $R_H = \dfrac{1}{ne}$ 得,$\mu = R_H \sigma$,通过实验测出 σ 值即可求出 μ。

根据上述可知,要得到大的霍尔电压,关键是要选择霍尔系数大(迁移率 μ 高、电阻率 ρ 也较高)的材料。因 $|R_H| = \mu\rho$,就金属导体而言,μ 和 ρ 均很低,而不良导体 ρ 虽高,但 μ 极小,因而上述两种材料的霍尔系数都很小,不能用来制造霍尔元件。半导体 μ 高,ρ 适中,是制造霍尔元件较理想的材料,由于电子的迁移率比空穴的迁移率大,所以霍尔元件都采用 N 型材料,其次霍尔电压的大小与材料的厚度成反比,因此薄膜型的霍尔元件的输出电压较片状要高得多。

2. 测量方法

1) 霍尔电压 V_H 的测量

在制作霍尔元件时,由于测量霍尔电压的两个焊点在方位上总有一点误差,在磁场为零时测量霍尔电压 V_H 也可能不为零;另外连接工作电流的两个焊点也不可能做到大小完全一致位置无任何偏差,而这些偏差会造成局部温度的不同和电流流向的差异,形成测量系统误差。不过,由于对称性,这些误差在改变磁场方向和改变工作电流方向时表现是相反的,可以通过改变磁场和工作电流的方向,四次测量取平均的方法来消除。

具体的做法是 I_S 和 $B(I_M)$ 的大小不变,并在设定电流和磁场的正反方向后,依次测量四组对应不同方向的 I_S 和 $B(I_M)$ 时的霍尔电压:V_1(对应于 $+I_S$、$+B$)、V_2(对应于 $+I_S$、$-B$)、V_3(对应于 $-I_S$、$-B$)和 V_4(对应于 $-I_S$、$+B$)值取平均,即

$$V_H = \frac{V_1 + V_2 + V_3 + V_4}{4}$$

(注意:实验中通常 V_1、V_2、V_3、V_4 都记为正值,则 V_H 应为它们求和的平均值。)

2) 电导率 σ 的测量

σ 可以通过图 9-2 所示的左右两电极进行测量,设霍尔元件两电极间的距离为 a,样品的横截面积为 $S = bd$,流经样品的电流为 I_S,在零磁场下,测得两电极间的电势差为 V_σ,可由下式 $\sigma = \dfrac{I_S a}{V_\sigma S}$,求得 σ。(因为 $\sigma = \dfrac{1}{\rho}$ 及 $R = \rho \dfrac{a}{S} = \dfrac{V_\sigma}{I_S}$,得 $\sigma = \dfrac{I_S a}{V_\sigma S}$。)

3)载流子迁移率 μ 的测量

电导率 σ 与载流子浓度 n 的关系 $\sigma = ne\mu$ 求得迁移率 μ 与 σ 之间有如下关系：

$$\mu = R_H \sigma$$

【实验内容】

按图 9-1 连接测试仪和实验仪之间相应的 I_S、V_H 和 I_M 各组连线，I_S 及 I_M 换向开关投向上方，表明 I_S 及 I_M 均为正值（I_S 沿 X 方向，B 沿 Z 方向），反之为负值。V_H、V_σ 切换开关投向上方测 V_H，投向下方测 V_σ。经教师检查后方可开启测试仪的电源。

必须强调指出：严禁将测试仪的励磁电源"I_M 输出"误接到实验仪的"I_S 输入"或"V_H、V_σ 输出"处，否则一旦通电，霍尔元件即遭损坏。

为了准确测量，应先对测试仪进行调零，即将测试仪的"I_S 调节"和"I_M 调节"旋钮均置零位，待开机数分钟后若 V_H 显示不为零，可通过面板左下方小孔的"调零"电位器实现调零。转动霍尔元件探杆支架的旋钮 X、Y，慢慢将霍尔元件移到磁隙的中心位置。

样品参数可从仪器说明书上找到，包括霍尔元件厚度 d 和霍尔元件灵敏度 K_H（单位：mV/(mA·kGS)）。

1. 研究霍尔电压与工作电流的关系，测绘 V_H-I_S 曲线

将实验仪的功能切换开关投向 V_H 侧，即测霍尔电压。

保持励磁电流 I_M 值不变（取 $I_M=0.6$ A），测绘 V_H-I_S 曲线，改变工作电流（从 1.00 mA 到 4.00 mA，间隔为 0.50 mA），测霍尔电压。为消除由于霍尔元件在制作时由焊点的大小和位置参数的系统误差，需要依次改变磁场方向和工作电流方向取平均（电流方向通过来回切换实验仪开关实现），将测得的霍尔电压填入表 9-1 中。

表 9-1 工作电流与霍尔电压的关系

$I_M=0.6$ A I_S 取值：1.00～4.00 mA

I_S (mA)	V_1(mV) $+I_S$、$+B$	V_2(mV) $+I_S$、$-B$	V_3(mV) $-I_S$、$-B$	V_4(mV) $-I_S$、$+B$	$V_H = \dfrac{V_1+V_2+V_3+V_4}{4}$(mV)
1.00					
1.50					
2.00					
2.50					
3.00					
4.00					

根据表中数据测绘 V_H-I_S 曲线可以求得斜率(斜率即为 $\dfrac{V_H}{I_S}$),再将斜率、磁感应强度 B 代入式(9-8)可求得霍尔元件的灵敏度 K_H。再将霍尔元件的厚度 d 代入式(9-7)求得霍尔系数 R_H。

2. 研究霍尔电压与励磁电流的关系,测绘 V_H-I_M 曲线

保持霍尔元件中的工作电流 I_S 值不变(取 $I_S=3.00$ mA),测绘 V_H-I_M 曲线,改变励磁电流(从 $0.300\sim0.800$ A,间隔为 0.100 A),测霍尔电压。记入表9-2中。

表 9-2 励磁电流与霍尔电压的关系

$I_S=3.00$ mA　I_M 取值:$0.300\sim0.800$ A

I_M (A)	V_1(mV) $+I_S$、$+B$	V_2(mV) $+I_S$、$-B$	V_3(mV) $-I_S$、$-B$	V_4(mV) $-I_S$、$+B$	$V_H=\dfrac{V_1+V_2+V_3+V_4}{4}$ (mV)
0.300					
0.400					
0.500					
0.600					
0.700					
0.800					

3. 测量 V_σ 值

将功能切换开关投向 V_σ 侧,测量 V_σ。

在零磁场下,取 $I_S=2.00$ mA,测量 V_σ,计算 σ 和 μ 值。

注意:I_S 取值不要过大,以免 V_σ 太大,使得毫伏表超量程。

4. 确定样品的导电类型

将实验仪三组双刀开关均投向上方,即 I_S 沿 X 方向、B 沿 Z 方向,毫伏表测量电压为 V_H。取 $I_S=2$ mA,$I_M=0.6$ A,根据测得 V_H 的正负,判断样品导电类型。

5. 求 R_H 和 n 值

取 $I_S=2$ mA,$I_M=0.6$ A,求样品的 R_H 和 n 值。

【思考题】

(1) 列出计算霍尔系数 R_H 的公式,并注明单位。

(2) 如已知霍尔元件的工作电流 I_S 及磁感应强度 B 的方向,如何判断元件的导电类型?

(3) 在什么样的条件下会产生霍尔电压?它的方向与哪些因素有关?

实验十　用牛顿环测定透镜的曲率半径

牛顿环通常用来观察干涉现象,利用读数显微镜测量干涉条纹的半径,根据已知波长进一步计算透镜的曲率半径。

【实验目的】

(1)学习使用读数显微镜。
(2)掌握一种测量透镜曲率半径的方法。

【实验器材】

读数显微镜,钠光灯,牛顿环。

【实验原理】

把一块曲率半径很大的凸透镜叠放在一块平面玻璃板上就构成了牛顿环,当光照射到牛顿环的空气隙时就会产生干涉,形成明暗相间的一组同心条纹,物理学上称为牛顿环。

图 10-1 中 R 为凸透镜的曲率半径,e 为空气隙的厚度,r 为观测到的牛顿环的半径。当波长为 λ 的光入射时,根据薄膜干涉的原理不难得出牛顿环的第 k 级暗纹的半径为

$$r = \sqrt{kR\lambda} \quad k = 0, 1, 2, \cdots$$

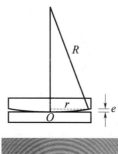

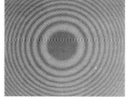

图 10-1　牛顿环

实验中可用读数显微镜分别读出第 m 和第 n 个暗纹直径 D_m 和 D_n，则

$$\left(\frac{D_m}{2}\right)^2 = r_m^2 = mR\lambda$$

$$\left(\frac{D_n}{2}\right)^2 = r_n^2 = nR\lambda$$

两式作差可得

$$\left(\frac{D_m}{2}\right)^2 - \left(\frac{D_n}{2}\right)^2 = mR\lambda - nR\lambda = (m-n)R\lambda$$

所以

$$R = \frac{D_m^2 - D_n^2}{4(m-n)\lambda}$$

式中，R 为凸透镜的曲率半径；λ 为单色光波长；D_m、D_n 为第 m 和第 n 圈的直径，由读数显微镜测量取得。

如波长已知，可用此法求出透镜曲率半径；反之亦然。

实验中：一般 $|m-n| \geq 5$，并选取 $5\sim10$ 组不同的 D_m 和 D_n 组合，求取 $\bar{R}$，以消除系统误差。

【实验内容】

一、读数显微镜的使用

(1) 如图 10-2 所示，把牛顿环放在工作台面上，中心接触点（肉眼可见）对准镜筒中央。

图 10-2 读数显示微镜

1—目镜；2—读数标尺；3—上下移动旋钮；4—物镜；
5—45°角反射镜；6—读数盘；7—大反光镜（本实验不用）

(2) 用钠光灯水平照射在 45°半反镜上，转动上下移动旋钮 3，即可见清晰的牛顿圈干涉环，如是可调式 45°半反镜，则同时需略微转动半反镜，使光线垂直入射牛顿环。

(3) 旋转读数盘 6 另一侧的鼓轮，让读数显微镜目镜中的叉丝依次与待测圆环相切，从左向右（或从右向左，不可中途反向）读取各环的直径。

(4)实验中,读数显微镜底座中的大反光镜不需用,应反转向内,避免有反射光反射向上至牛顿环内,影响观察的背景。

(5)旋转鼓轮,显微镜镜筒水平移动。镜筒位置(坐标)的数值由两部分组成:从横梁上读取毫米数(只读整数,这里不能估读),从鼓轮上读取毫米以下数值,要读到 0.01 nm,读数显微镜的仪器误差为 0.005 mm。

二、操作步骤

(1)使黄光水平入射到读数显微镜镜筒下方的45°反射镜上,如图10-3所示。此时通过目镜可以看到明亮的黄色背景。

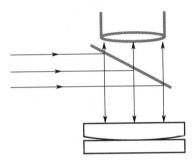

图 10-3 牛顿环装置

(2)调节目镜清晰地看到十字叉丝,然后由下向上移动显微镜镜筒(为防止压坏被测物体和物镜,不得由上向下移动),看清牛顿干涉环。

(3)取 $m=15, n=5$。横向移动显微镜镜筒位置,使叉丝由第15圈以外向第15圈移动,读取 C_{15},继续移动至第5圈读取 C_5,越过中央暗环,按同一方向移动读取这一侧的第5圈和第15圈的 C'_5、C'_{15}。

(4)重复以上测量共6次,将数据填入表10-1中。

表 10-1 牛顿环数据记录表

mm

次数	1	2	3	4	5	6
C_{15}						
C_5						
C'_5						
C'_{15}						
D_{15}						
D_5						

(5)计算 D_{15}、D_5 的平均值,进一步计算曲率半径。

【注意事项】

(1)调节显微镜的焦距时,应使物镜筒从待测物移开,使物镜筒自下而上地调节。严禁将镜筒反向调节,以免碰伤和损坏物镜和待测物。

(2)在整个测量过程中,不要移动牛顿环。读数时只能向一个方向旋转鼓轮,依次读出四个数值,以避免由螺距产生的误差。

实验十一　分光计的调节与使用

分光计是一种精确测量入射光和反射光之间偏转角度的典型光学仪器,分光计的用途十分广泛,用它可以测量折射率、光的波长、光栅常数和光学材料的色散率等。它的调节方法是许多光学仪器调节的基础。因此,学会分光计的调节原理,可以为以后使用其他更复杂的光学仪器的调节打下基础。

【实验目的】

(1)了解分光仪的结构、作用和工作原理。
(2)掌握分光仪的调节和使用方法。

【实验器材】

JJY-1 型分光计,平面反射镜,汞灯。

【实验原理】

本实验所用的 JJY-1 型分光计由底座、阿贝式自准直望远镜、平行光管、载物台和游标读数装置五部分构成,分光计的基本结构和相应的调节旋钮参见图 11-1。

1.底座

分光计的底座有一沿竖直方向的转轴,分光计的望远镜、主尺盘和游标盘都可绕该转轴转动,故该转轴也称分光计的主轴。

2.平行光管

平行光管是产生平行光的装置,管筒右端有一物镜,左端有一宽度可调节的精密狭缝,当狭缝位于物镜的焦平面上时,通过狭缝的光经过凸透镜后就成为平行光。平行光管的调节旋钮参见图 11-1,狭缝的宽度由狭缝宽度调节手轮调节。若用汞灯光源照亮狭缝,旋转狭缝与物镜距离调节螺旋,可改变狭缝和物镜之间的距离,使狭缝位于物镜的焦平面上。利用平行光管下方平行光管仰角调节螺钉和左侧的平行光管光轴水平方向调节螺钉来调节平行光管的光轴(光轴即为物镜的主轴,下同)位置,使其垂直于分光计底座主轴。

3.阿贝式自准直望远镜

阿贝式自准直望远镜由物镜、阿贝式目镜、分划板和照明装置组成。分划板上刻有叉丝,旁边有一块全反射小棱镜,在小棱镜与分划板相邻的面上涂有不透光的薄膜,薄膜上刻

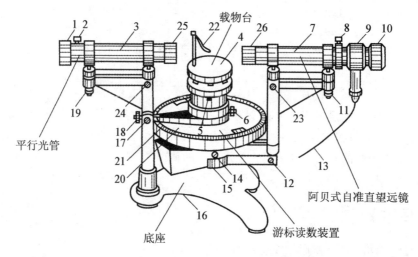

图 11-1 JJY-1 型分光计结构示意图

1—狭缝宽度调节手轮；2—狭缝紧固螺钉；3—平行光管；4—载物台；5—载物台调平螺钉（三颗）；
6—载物台锁紧螺钉；7—望远镜；8—目镜锁紧螺钉；9—分划板；10—目镜及调焦手轮；
11—望远镜仰角调节螺钉；12—望远镜转角微调螺钉；13—阿贝目镜电源接口；
14—刻度盘与望远镜联结螺钉；15—望远镜锁紧螺钉（在另外一侧）；16—分光计底座；
17—游标盘微调螺钉；18—游标盘锁紧螺钉；19—平行光管仰角调节螺钉；20—游标盘；
21—刻度盘；22—固定待测物弹簧片压片；23—望远镜光轴水平方向调节螺钉；
24—平行光管光轴水平方向调节螺钉；25—平行光管物镜；26—望远镜物镜

有十字形透光窗口。小灯泡点亮后，小灯泡所发的光经过小孔上的滤色片变为黄绿色光后进入小孔，再经小棱镜的全反射把十字透光窗照亮。望远镜的调节方法如下：旋转目镜及调焦手轮，眼睛通过目镜能很清楚地看到分划板上的刻线。放松目镜锁紧螺钉，调节目镜调焦手轮，当分划板位于物镜的焦平面上时，它上面十字透光窗发出的光线通过物镜变成平行光，如图 11-2(a)所示。用一平面镜将此平行光反射回来，此光再经过物镜，会在分划板上生成黄绿色亮十字的像。如果平面镜与望远镜光轴垂直，视场中此像位于分划板的测量用十字叉丝的竖线与调节叉丝的交点上，如图 11-2(b)所示。这种物和像都在同一平面内（都在分划板上），在光学上称为自准直。只要实现了自准直，分划板必然在物镜的焦平面上。当绿十字像处于图 11-2(b)所示的位置时，望远镜光轴必然与平面镜面垂直。目镜与分划板和照明装置组合的这种配置称为阿贝式目镜。通过调节望远镜仰角调节螺钉和望远镜光轴水平方向调节螺钉，可使望远镜光轴与分光计转轴垂直。

4. 载物台

载物台是用来放置平面反射镜、三棱镜、光栅等光学元件的。载物台锁紧螺钉可以使载物台与游标盘一起绕分光计的主轴转动，载物台下方的三颗调平螺钉可以调节载物台水平。放置在载物台上的光学元件可以用固定待测物弹簧片压片固定。

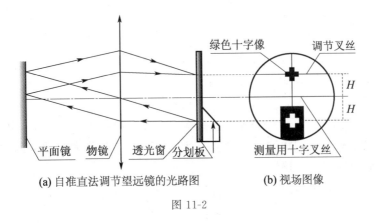

(a) 自准直法调节望远镜的光路图　　(b) 视场图像

图 11-2

5. 游标读数装置

游标读数装置由圆形刻度盘和同心的游标盘组成。刻度盘可以与望远镜相对固定而一起转动，利用游标盘锁紧螺钉可以使游标盘固定，这样利用刻度盘与游标盘就可以测量望远镜转过的角度。刻度盘上刻有 720 条等分刻度线，故刻度盘最小分度值为 $0.5°$，即 $30'$。游标是 30 分度的，最小分度值为 $1'$。为了消除刻度盘的中心与分光计转轴之间的偏心差，在度盘同一直径的两端各装一个游标，二者相差 $180°$。测量时两个游标都要读数，然后算出每个游标转过的角度，求和后再取平均值。这个平均值可作为游标盘相对于刻度盘转过的角度，并且消除了偏心误差。分光计上的游标装置是测角度的，因此这种游标装置又称角游标。

游标读数方法与游标卡尺和螺旋测微器的读数方法类似，这里是 30 分度角游标，即主尺最小刻度为半度（$30'$），游标为 30 格，游标上 1 格与主尺上 1 格相差 $1'$。读数时，先读游标盘零刻度前刻度盘主尺读数（多少度和是否再加半度），再看游标尺上第几根刻度线与刻度盘主尺刻度线对齐（第几根刻度线对其了就加几分），再将二者相加，就是测量值。以图 11-3 为例，读数方法为游标盘零刻度前刻度盘主尺读数为 $57°30'$，游标尺上第 15 根与刻度盘主尺刻度线对齐，读数为 $15'$，最终结果为 $57°30'+15'=57°45'$。

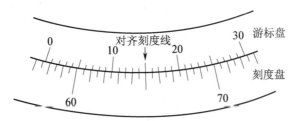

图 11-3　分光计读数示意图，此时读数为 $57°45'$

【实验内容】

为了精确测量,必须先将分光计调节好。调整分光计,目的是使平行光管发出平行光,望远镜聚焦于无穷远处并能接收平行光,平行光管和望远镜光轴在同一水平面内并与分光计转轴垂直。

调节前,应对照图11-1,熟悉分光计的基本原理和结构。先目测粗调,通过调节望远镜仰角调节螺钉和平行光管仰角调节螺钉使望远镜与平行光管的主光轴大致同轴,并与分光计底座转轴大致垂直,然后进行以下调节。

1. 把望远镜聚焦于无穷远处并能接收平行光

(1)旋转目镜调焦手轮,使视场中能清晰地看到黑色两横一竖叉丝。

(2)调节载物台下方三个调平螺钉,使载物台平面落在载物台座上,利用分光计精密制造的特点,此时载物台基本上处于水平状态。

(3)在载物台上放置光学平面反射镜(正反面都可反射光线的反射镜),放置方法如图11-4所示。即平面镜在载物台上的位置应尽可能与载物台平面上三条120°等分线中的一条重合。

(4)接通望远镜阿贝自准目镜的电源,轻轻地转动载物台座,同时从望远镜中寻找由光学平面反射镜反射回来的黄绿色光团。若找不到光团,须细心调节望远镜仰角调节螺钉和载物台下的载物台调平螺钉 B_1 和 B_2,再从望远镜里寻找平面反射镜反射回来的黄绿色光团。找到光团后,转动望远镜焦距调节手轮调整分划板与物镜的距离,直到在目镜中可以清晰地看到反射回来的亮十字像为止,这时望远镜已聚焦于无穷远。为了消除视差,眼睛可上下或左右移动,如果亮十字像与分划板刻线的距离保持不变,就说明亮十字像与刻线必然位于同一平面上,没有视差。否则应仔细调节物镜与分划板之间的距离,直到视差消除。

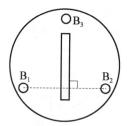

图11-4 放置光学平面反射镜示意图

2. 调整望远镜光轴与分光计转轴垂直

如果亮十字像不在图11-2(b)所示的位置,而是偏离了调节十字一段距离,如图11-5(a)所示,可以先调载物台下的螺钉 B_1(或 B_2),使得亮十字像移近正确位置一半,如图11-5(b)所示,再调节望远镜光轴高低调节螺钉12,使亮十字像与正确位置重合,如图11-5(c)所示,这种方法称为各半调节法。然后把载物台座连同光学平面平板一起旋转180°,重复上述步骤反复调节几次,直到正反两个光学平面反射回来的亮十字像都在图11-5(c)所示位置,这时望远镜光轴就与分光计转轴相垂直。

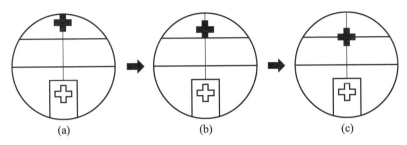

图 11-5 调整亮十字叉丝位置

3. 将分划板刻线调成水平和竖直

缓慢旋转载物台座,如果分划板的水平刻线与亮十字像的移动方向不平行,就要在不破坏望远镜调焦的前提下转动分划板,放松目镜锁紧螺钉,转动目镜镜筒,使亮十字像移动方向与分划板水平刻线平行,这时望远镜就调好了,锁紧目镜锁紧螺钉,然后取下光学平面反射镜放好。

注意,调整好望远镜之后,不可再调节望远镜光轴高低调节螺钉。

4. 调节平行光管

将已调好的望远镜作为基准,来调节平行光管,使平行光管主光轴与望远镜主光轴在同一条直线上。

(1) 关闭望远镜阿贝自准直目镜的电源,打开汞灯电源,并用汞灯照亮狭缝。转动望远镜支臂使望远镜正对平行光管。

(2) 调节狭缝宽度调节手轮,使狭缝透光,仔细调节平行光管物镜与狭缝距离,直到望远镜中看到清晰的狭缝像,且与分划板刻线之间无视差时为止。这时狭缝恰好位于平行光管物镜的焦平面上,平行光管从物镜端射出平行光。

(3) 松开狭缝紧固螺钉,将平行光管狭缝调成竖直。在不破坏平行光管物镜焦距的情形下,放松狭缝紧固螺钉,旋转狭缝装置,把狭缝的像调到与分划板竖直刻线平行,锁紧狭缝紧固螺钉。

(4) 调节平行光管光轴水平方向调节螺钉,使狭缝像与十字叉丝的竖叉丝重合。再调整平行光管光轴高低调节螺钉,升高或降低狭缝像的位置,使狭缝像位于十字叉丝的竖叉丝的中央位置。

(5) 松开狭缝紧固螺钉,将平行光管狭缝调成水平。调整平行光管光轴高低调节螺钉,升高或降低狭缝像的位置,使狭缝像位于视场竖直方向的中央位置。再调节平行光管光轴水平方向调节螺钉,使狭缝像位于视场水平方向的中央。这时平行光管的光轴与望远镜光轴相重合并都与分光计转轴垂直。

至此,分光计调节完毕,望远镜和平行光管的上述调节螺钉就不能再动,否则就应重新调节。

【注意事项】

(1)严禁用手摸光学平面镜、物镜和目镜的光学表面。

(2)推动望远镜只能推望远镜支臂,不能推动已调好的望远镜目镜、照明装置或镜筒。

(3)先学习原理,熟悉分光计各部分组成后,再目测粗调,然后有目的地细调分光计,否则越调越乱。

【思考题】

(1)分光仪主要由哪几部分组成?各部分的作用是什么?

(2)分光仪的调整主要内容是什么?每一要求是如何实现的?

(3)分光仪底座为什么没有水平调节装置?

实验十二 迈克耳孙干涉仪实验

【实验目的】

(1) 了解迈克耳孙干涉实验仪的结构和干涉条纹的形成原理。
(2) 学会迈克耳孙干涉仪的调整和使用方法。
(3) 观察点光源产生的非定域干涉条纹,并测量激光的波长。

【实验器材】

迈克耳孙干涉仪,He-Ne 激光器,毛玻璃屏,扩束镜。

【实验原理】

干涉光路如图 12-1 所示,光源上一点 S 发出的一束光线经过分光板 G_1 被分为两束光线Ⅰ和Ⅱ;这两束光线分别射向相互垂直的全反射镜 M_1 和 M_2,经过 M_1 和 M_2 反射后又相汇于分光板 G_1,这两束光线再次被 G_1 分束,它们各有一束按原路返回光源(设两光束分别垂直于 M_1、M_2),同时各有一束光线朝 E 的方向射出。由于光线Ⅰ和Ⅱ为两相干光束,因此我们可在 E 的方向能观察到干涉条纹。

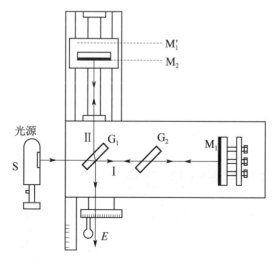

图 12-1 麦克耳孙原理

M_1' 是反光镜 M_1 被 G_1 反射所成的虚像。从 E 处看两相干光好像是从 M_1' 和 M_2 反射回来的;因此在迈克耳孙干涉仪中所产生的干涉与 $M_2 M_1'$ 间的空气膜所产生的干涉是一样的,也可以将 M_1' 和 M_2 反射的光点看成新的光源。

当 δ 很小时,屏上观察到的图像可以看成是由 S_1 和 S_2 发出的两个球面波波前叠加干涉的结果,因而干涉图像是一系列的同心圆。从图 12-2 看到,由点光源 S_1、S_2 到屏上任一点 A,两光线的光程差 L 可得

$$L = 2d\cos\delta \tag{12-1}$$

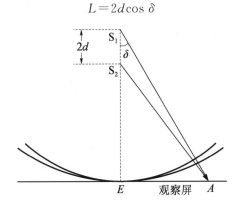

图 12-2 两路光路光程差示意图

由式(12-1)可知:

当 δ=0 时,光程差最大,即圆心 E 点所对应的干涉级别最高,圆心周围的条纹既粗且稀;当 δ 增大时,条纹变细变密。

移动 M_1 当 d 逐渐增加或减小 $\frac{\lambda}{2}$ 时,光程差逐渐变化一个波长,于是就看到从圆心"冒出"或"缩进"1 级条纹,它们的关系为

$$\Delta d = \frac{\lambda}{2}\Delta N \tag{12-2}$$

读出"冒出"或"缩进"的条纹数目 ΔN,又测出 M_1 移动的距离 Δd,就可以求得波长 λ。

【实验内容】

1)非定域干涉条纹的调节

(1)先凭眼睛粗调干涉仪和激光器,使它们水平、等高,并将激光器光轴垂直于干涉仪。如图 12-1 所示,G_1 右侧表面涂有一层半透膜,激光束经分束玻璃砖 G_1 后光线被分成两束。由于玻璃砖的反射,会看到 M_1、M_2 反射的光点分别有 3 个。调节 M_1、M_2 后面的 3 个螺钉,使得它们反射的中间的光点返回到激光器的光孔中。这样就基本将 M_1' 和 M_2 调平行了。同时在光屏上看到 M_1、M_2 反射的光点,将它们反射的中间的光点完全调重合,这样光路就调节好了。

（2）将扩束镜放在激光器和干涉仪之间对光束扩束，在光屏上看到两束光的干涉条纹。

2）测量 He-Ne 激光的波长

M_1 的位置 d 的读数是一个主尺和两个副尺的读数之和，其中主尺的精确度为 1 mm，中间的副尺即读数窗的精确度为 0.01 mm，旁边的最小的副尺即微调手轮的精确度为 0.000 1 mm。即中间的副尺旋转一周，主尺读数改变 1 mm；旁边的最小副尺旋转一周，中间的副尺读数改变 0.01 mm。

d＝主尺整格数×1 mm＋读数窗整格数×0.01 mm＋微调手轮读数×0.000 1 mm

其中，主尺和中间副尺只读整格数，副尺的最小刻度以下需要估读。

例：$d=33\times1$ mm$+88\times0.01$ mm$+66.6\times0.000\,1$ mm$=33.886\,66$ mm。

移动 M_1 以改变 d 记下"冒出"或"缩进"的条纹数 ΔN，利用式(12-2)即可计算出光波长 λ。每累进 50 条读取一次数据，重复测量 10 次（见表 12-1）。

表 12-1　从"冒出"或"缩进"的条纹数读移动的距离

次数 i	1	2	3	4	5	6	7	8	9	10
环数	50	100	150	200	250	300	350	400	450	500
d(mm)										

【数据处理】

1）Δd 的平均值和不确定度（见表 12-2）

表 12-2　计算 Δd 的不确定度

Δd					$\overline{\Delta d}$	$u(\Delta d)$
d_6-d_1	d_7-d_2	d_8-d_3	d_9-d_4	$d_{10}-d_5$	$\sum_{i=1}^{5}\Delta d_i/5$	$\sqrt{\sum_{i=1}^{5}(\Delta d_i-\overline{\Delta d})^2/4}$

2）测量结果的表示

$\overline{\lambda}=2\,\overline{\Delta d}/250$

$\Delta\lambda=u(\Delta d)\overline{\lambda}/\overline{\Delta d}$

$\lambda=\overline{\lambda}\pm\Delta\lambda$

$E_\lambda=\Delta\lambda/\overline{\lambda}=u(\Delta d)/\overline{\Delta d}$

注：He-Ne 激光器的波长参考值 $\lambda_0=632.8$ nm。

【注意事项】

操作者不允许用手直接触摸光学器件的表面，以免影响实验的效果。

第三章　工科综合性实验

实验十三　拉脱法测液体表面张力系数

液体的表面张力系数是液体性质的一个重要参数。拉脱法是测量液体表面张力系数常用的方法之一，即先测量液体的表面张力，然后根据定义得到液体表面的张力系数。

【实验目的】

(1)测传感器的灵敏度(定标)。
(2)测水的表面张力系数。

【实验器材】

液体表面张力系数测量实验仪。

【实验原理】

液体表面层分子所处的环境和液体内部分子不同，处于液体表面层内的分子，液面上方为气体，分子数很少，因而表面层内每个分子受到向上的引力比向下的引力小，合力不为零，即液体表面处于张力状态。表面分子有从液面挤入液体内部的倾向，使液面自然收缩，直到处于动态平衡，即在同一时间内脱离液面挤入液体内部的分子数和因热运动而达到液面的分子数相等为止。因而在没有外力作用时液滴总是呈球形，使其表面积缩到最小。

表面张力存在于极薄表面层内，不是由于弹性形变所引起的，而是液体表面层内分子力作用的结果。设想在液面上作一长为 L 的线段，线段两侧会受到大小相等的力 F 作用，此力大小与线段长度 L 成正比，即

$$F = \alpha \cdot L \tag{13-1}$$

式中，F 为表面张力；L 为线段长度；比例系数 α 称为液体表面张力系数，定义作用在单位长

度上的表面张力,单位为 N/m。实验证明,表面张力系数 α 的大小与液体的种类、纯度、温度和它上方的气体成分有关,温度越高,液体中所含杂质越多,表面张力系数就越小。

假设用金属均质圆环代替上述线段,圆环与水接触面为内外两个面,则

$$F = \alpha \pi (d_1 + d_2) \tag{13-2}$$

式中,F 为金属均质圆环液体表面张力;d_1、d_2 分别为圆环的外径和内径;α 为液体表面张力系数。

将金属圆环浸入液体中,然后将其慢慢地拉出液面,此时在圆环表面附近的液面会产生一个沿着液面的切线方向的表面张力,由于表面张力的作用,金属圆环会带起一个水膜,水膜如图 13-1 所示。液体表面的切线与圆环表面之间的夹角称为接触角 θ。将圆环慢慢拉出水面时,表面张力 F 的方向随液面的改变而改变,接触角 θ 逐渐趋向于零。因此,F 的方向趋向于竖直向下。在液膜将要破裂前诸力平衡条件为

$$F' = mg + F \tag{13-3}$$

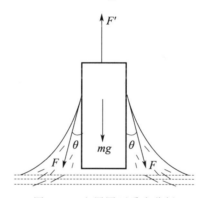

图 13-1 金属圆环受力分析

式中,F' 为刚将圆环拉出液面时所加的外力;mg 为圆环和它所沾附水的总重量;F 为液体表面张力。

由式(13-2)、式(13-3)可知,表面张力系数公式:

$$\alpha = \frac{F' - mg}{\pi(d_1 + d_2)} \tag{13-4}$$

高精度力敏传感器由薄片式金属电阻应变片贴在弹性梁上的组成,当梁弯曲时,金属电阻受到压缩或拉伸,电阻值就会改变。用该电阻作为电桥臂接入电路。当金属悬梁臂上挂一重物时,电阻发生改变,电桥失去平衡,此时将有电压信号输出,输出电压大小与所加重物的质量成正比。即

$$U = K \cdot m \tag{13-5}$$

式中,m 为外加质量的大小;K 为高精度力敏传感器的灵敏度;U 为传感器输出电压的大小。

【实验内容】

实验可分为准备工作、测传感器的灵敏度(定标)和测表面张力系数三个过程。

1. 准备工作部分

调节测试台底部三个水平调节螺钉,使水平仪指示在中心位置。

清洁均质金属圆环:均质圆环的表面状况与测量结果有很大的关系。

用游标卡尺测均质圆环的内、外直径。多次测量取其平均值,见表 13-1。

表 13-1 测环内外直径　　　　　　　　　　　　　　　单位:mm

测量次数	1	2	3	4	5	6	7	8	平均值	不确定度
d_1(mm)										
d_2(mm)										

2. 测传感器的灵敏度 K

每个传感器的灵敏度都有所不同,在实验前,应先将其定标。步骤如下。

将砝码盘挂在传感器梁外端的悬挂线上,旋转调零电位器,将仪器显示值调零,若不能调到零则调到最小值。

用镊子在砝码盘上依次加砝码记录这些不同质量下数字电压表相应的读数值 V(见表 13-2)。

表 13-2 测传感器灵敏度　　　　　　　　　　　　　　单位:mV

m	1 g	2 g	3 g	4 g	5 g	6 g	7 g	8 g
依次增加砝码时 V								
依次取下砝码时								
平均 V								

用作图法画出 $\overline{V}-m$ 图像,求其斜率 K。

3. 测水表面张力系数

将清洁的金属圆环挂在传感器的悬挂线上。调节升降调节螺钉,将液体升至靠近圆环的下底部,均质圆环的底面应与水面平行(圆环是否与水面平行对实验结果有很大的影响),调节容器下的升降调节旋钮,使其渐渐上升,将圆环的底部全部浸没水面。

反向调节升降螺钉,使水面逐渐下降。这时,金属圆环和水面间形成一环形液膜,记录即将拉断水膜前一瞬间数字电压表读数值 V_1 和水膜拉断后一瞬间数字电压表读数值 V_2。即

$$\Delta V = V_1 - V_2 \tag{13-6}$$

实验时记录多组数据,求其平均值。

由式(13-4)、式(13-5)和式(13-6)可以得出以下公式：

$$F = F' - mg = \frac{V_1 g}{K} - \frac{V_2 g}{K} = \frac{\Delta V g}{K} \tag{13-7}$$

算出脱离时 F 的大小，即表面张力。

由公式(13-7)和式(13-4)得

$$\alpha = \frac{\Delta V g}{K \pi (d_1 + d_2)} \tag{13-8}$$

根据公式(13-8)求出液体的表面张力系数，并与标准值进行比较。

4. 数据记录与处理（见表 13-3）

表 13-3　测表面张力数据记录　　　　　　　　　　　单位:mV

测量次数	1	2	3	4
拉断前 V_1				
拉断后 V_2				
ΔV				
$\overline{\Delta V}$				

数据处理：

用游标卡尺测均质圆环的内、外直径 $\overline{d_1}$、$\overline{d_2}$。

先对传感器定标，用作图法求传感器灵敏度 K 值。

测水膜拉断前后的压力差 $\overline{\Delta V}$。

根据公式 $\overline{\alpha} = \dfrac{\overline{\Delta V} g}{K \pi (\overline{d_1} + \overline{d_2})}$ 算出液体表面张力系数。

用不确定度的传递公式计算 α 的不确定度 u_α（函数为 α，自变量有 d_1、d_2、ΔV）。

最终结果表示为 $\alpha = \overline{\alpha} \pm u_\alpha$。

【注意事项】

(1) 定标时，放砝码注意一定要用镊子，切勿用手。

(2) 实验时圆环表面光洁程度与实验有很大关系，勿划伤或使其形变。勿用力拉扯或折弯。

(3) 调节使水面下降时，应使其缓缓下降，下降时水面应保持静止，吊环也不可晃动，否则会增大实验误差。

【思考题】

(1) 水的纯净度对其表面张力有无影响？

(2)空载时如果仪器调不到零,对本实验结果有无影响?

【器材介绍】

1. 高精度电阻应变传感器

用拉脱法测量液体表面张力,对测量力的仪器要求较高,由于用拉脱法测量液体表面的张力在 $1\times10^{-3}\sim1\times10^{-2}$ N 之间,因此需要有一种量程范围较小,灵敏度高,且稳定性好的测量力的仪器。高精度电阻应变传感器张力测量实验仪能满足测量液体表面张力的需要,且可用数字信号显示,利于观察、读数。

2. 液体表面张力系数测量实验仪介绍

液体表面张力系数测量实验仪分实验仪和测试台两部分。

1)实验仪部分

实验仪主要用于显示作用在传感器上力的大小及提供测试台工作电源,其面板如图 13-2 所示。由调零电位器、高精度电阻应变式传感器工作电源、数字电压表等组成。

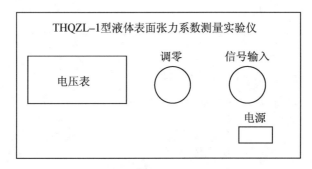

图 13-2 实验仪面板结构图

2)测试台部分

测试台结构如图 13-3 所示。其装置包括测试台底座、水平调节螺钉、水平仪、升降调节螺钉、支撑悬臂、导向悬臂、悬挂线、均质圆环、10 g 高精度电阻应变式传感器、支撑杆组成。

附表:水在不同温度下表面张力系数的标准值,见表 13-4。

表 13-4

$\alpha\times10^{-3}$(N/m)	74.22	73.49	72.75	71.97	71.18
水的温度 t(℃)	10	15	20	25	30

实验扩展,在对水进行测量以后,可以再对不同浓度的酒精溶液进行测量,观察表面张力系数随溶液浓度的变化而变化的现象。

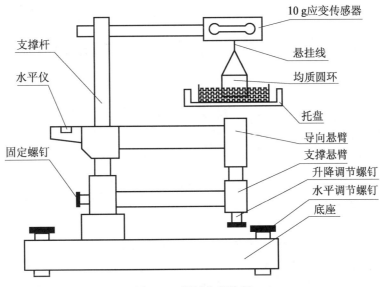

图 13-3　测试台结构图

实验十四 共振法测定金属材料杨氏模量

杨氏模量是工程材料的一个重要物理参数,表征在弹性限度内材料抗拉或抗压的物理量,它标志着材料抵抗弹性形变的能力,1807 年因英国医生兼物理学家托马斯·杨(Thomas Young,1773—1829)所得到的结果而命名。杨氏模量的大小标志了材料的刚性,杨氏模量越大,越不容易发生形变。

【实验目的】

(1)掌握用共振法测杨氏弹性模量的方法。
(2)掌握用作图内插法处理数据的方法。
(3)培养研究实验现象、综合应用仪器的能力。

【实验器材】

THQYS-1 型杨氏模量实验仪(见图 14-1),THQYS-1 型杨氏模量实验仪测试台(见图 14-2),示波器,游标卡尺,螺旋测微器,天平。

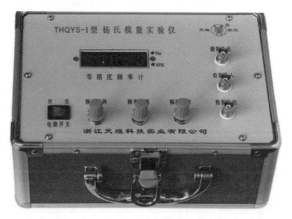

图 14-1 THQYS-1 型杨氏模量实验仪

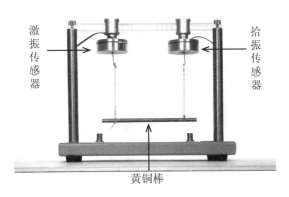

图 14-2　测试台

【实验原理】

设样品材料的长度为 L,横截面积为 S,在拉力 F 的作用下伸长了 ΔL,定义单位长度的伸长量 $\dfrac{\Delta l}{l}$ 为应变,单位横截面积所受的力 $\dfrac{F}{S}$ 为应力。根据胡克定律,在弹性限度内,应变与应力成正比关系,即

$$\frac{F}{S}=E\frac{\Delta l}{l} \tag{14-1}$$

式中,比例常数 E 称为杨氏弹性模量,单位为 N/m^2。杨氏弹性模量仅与材料的性质有关,其大小表征材料抗形变能力的强弱,数值上等于产生单位应变的应力。

对于长度 $L \gg d$(直径)、两端自由地作微小横振动的均匀细棒,经过理论推导可以求得

$$E=1.6067\frac{L^3 m}{d^4}f^2 \tag{14-2}$$

式中,L 为棒长;d 为棒的直径,单位为 m;m 为棒的质量,单位为 kg;f 为试样的共振频率,单位为 Hz。如果在实验中测定了试样(棒)在室温时的固有频率 f,即可计算出试样在室温时的杨氏模量 E。在国际单位制中杨氏弹性模量 E 的单位为 $N \cdot m^{-2}$。

本实验的基本问题是测定试样的共振频率,采用如图 14-3 所示实验装置。

将函数信号发生器输出的等幅正弦波信号加在激振传感器上,正弦波信号通过激振传感器把电信号转换为机械振动,再由悬丝把机械振动传给试样(测试棒),使试样受迫作横向振动。试样另一端的悬线把试样的振动传给拾振传感器,通过拾振传感器把机械振动转换为电信号。该电信号经检测放大器检测出来并放大后送到示波器中显示。当函数信号发生器输出的正弦波信号的频率不等于试样的共振频率时,试样不发生共振,示波器上几乎没有信号波形或波形幅度很小。当函数信号发生器输出的正弦波信号的频率等于试样的共振频率时,试样发生共振,示波器上显示的信号波形幅度最大,此时从频率计读出的正弦波信号

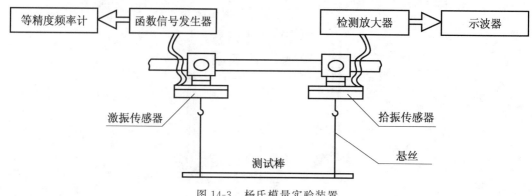

图 14-3 杨氏模量实验装置

的频率就是试样的共振频率。根据式(14-2)即可计算出样品材料的杨氏模量。

1)关于试样的几何尺寸

在推导杨氏模量计算公式的过程中,没有考虑试样任一截面两侧的剪切作用。显然这只有在试样的直径与长度之比(径长比)趋于零时才能满足。精确测量时应对试样不同的径长比作出修正。令

$$E_0 = KE \tag{14-3}$$

式中,E 为未经修正的杨氏模量;E_0 为修正后的杨氏模量;K 为修正系数,K 值如表 14-1 所示。

表 14-1 棒杆杨氏模量修正系数

径长比 d/l	0.01	0.02	0.03	0.04	0.05	0.06	0.08	0.10
修正系数 K	1.001	1.002	1.005	1.008	1.014	1.019	1.033	1.051

实验时一般可取径长比为 0.03～0.04 的试样,径长比过小,会因试样易于变形而使实验结果误差变大。

对同一材料不同径长比的试样,经修正后可以获得稳定的实验结果。

2)关于悬丝的材料和直径

用几种悬丝作实验,对某一试样测得的结果基本相同。可见对不同材料的悬丝对共振频率的影响不大。但悬丝越硬,共振频率越大。

用同种材料不同直径的悬丝作实验,对同一试样测得的结果表明悬丝的直径越粗,共振频率越大。这与上述的悬丝越硬,共振频率越大是一致的。因此,悬丝的刚度能承受时,悬丝要尽量用得细些、软些。

3)关于悬丝吊扎点的位置

试样作基频振动时,存在两个节点,节点是不振动的,实验时悬丝不能吊扎在节点上,必须偏离节点。在原理中,同时又要求在试样两端自由的条件下,检测出共振频率。显然这两

条要求是矛盾的。吊扎点偏离节点越远,可以检测到的共振信号越强,但试样受外力的作用也越大,由此产生的系统误差也越大。

为了消除误差,可采用内插测量法测出如果悬丝吊扎在试样节点上时,试样的共振频率。具体的测量方法是可以逐步改变悬丝吊扎点的位置,逐点测出试样的共振频率 f。设试样端面至吊扎点的距离为 x,以 $\frac{x}{l}$ 为横坐标,共振频率 f 为纵坐标,作图。用内插法求出吊扎点在试样节点($\frac{x}{l}=0.224$ 处)时的共振频率 f。

4)关于真假共振峰的判别

在实际测定中,激振拾振传感器、悬丝、测试台支架等部件都有自己的共振频率,都可能以其本身的基频或高次谐波频率发生共振。因此,正确判断示波器上显示的信号是否为试样真正共振信号成为关键。下面提供几种判别方法,以供参考。

(1)共振频率预估法。

实验前先用理论公式估算出共振频率的大致范围,然后进行细致的测量。对于分辨真假共振峰十分有效。

(2)峰宽判别法。

试样共振时拾振输出信号幅度达到最极大。振动阻尼越小,共振峰越尖锐。真正的共振峰的峰宽十分尖锐,在室温时,只要改变激振信号频率±0.1 Hz,即可判断出试样是否处于最佳共振状态。虚假共振峰的峰宽就宽多了。

(3)撤耦判别法。

如果将试样用手托起,撤去激振信号通过试样耦合给拾振传感器的通道。如果是干扰信号,尤其是当激振信号过强时,直接通过空气或测试台传递给拾振传感器,则示波器上显示的波形不变。如果波形没有了,则有可能就是真的共振峰。

(4)衰减判别法。

试样发生共振时,突然去掉激振信号,共振峰应有一个衰减过程,而干扰信号没有。另外,试样发生共振时,用手轻触试样底部,能感觉到明显的振动。实验者可运用自己的物理知识和实验技能,设法进行判别。

【实验内容】

(1)测量试样几何尺寸和质量。

用游标卡尺测量试样的长度 l,用螺旋测微器测量试样的直径 d,用天平测量试样的质量 m,每个物理量各测 5 次。参考值为 $l=(150.0\pm0.1)$ mm,$d=(6.00\pm0.02)$ mm,$m=(35.5\pm0.5)$ g。

(2)估算试样共振频率。

本实验仪提供的试样黄铜棒室温下杨氏模量为 $(1.03\pm0.02\times10^{11})$ N·m^{-2}。根据式

(14-2)及试样几何尺寸和质量估算试样共振频率。

(3)将试样通过细棉线对称吊扎在距离端面为 $0.15l$ 和 $0.85l$ 处，两根细棉线另一端分别固定在激振和拾振在传感器挂钩上下，注意两根细棉线长度相等，滑动横梁上两个滑动块，改变激振和拾振传感器在横梁上的位置，使两根细棉线在通过试样直径的铅垂面上且平行，以保持试样水平。

(4)将函数信号发生器激振输出正弦信号接至测试台激振输入插座，将测试台拾振输出插座输出信号接至实验仪的拾振输入端，经检测放大后，将实验仪拾振输出座输出信号接至示波器观察。调节"频率粗调"电位器，将函数信号发生器频率调至估算的试样共振频率，调节"幅度调节"电位器，改变函数信号发生器输出信号幅度，然后缓缓调节"频率细调"电位器，当示波器上显示波形幅度最大时，并根据前面介绍的真假共振峰的判别方法，测定试样共振频率 f。还可用相位鉴别法，将该信号与函数信号发生器输出信号分别接至示波器的 X 输入和 Y 输入端，根据李萨如图形变化测定试样共振频率 f。

(5)对称改变试样两端吊扎点位置，重复实验内容与步骤(3)、(4)，分别测量其中一个吊扎点在距离端面为 $0.20l$、$0.25l$、$0.30l$ 时试样的共振频率 f。

(6)根据 5 次测量的试样几何尺寸和质量，求平均值。

(7)改变试样两端吊扎点位置，试样共振频率随吊扎点位置改变会发生微小的变化。以 $\frac{x}{l}$ 为横坐标，共振频率 f 为纵坐标，作图。从图内插求出吊扎点在试样节点（$\frac{x}{l}=0.224$ 处）时的共振频率 f。

(8)根据式 $E=1.6067\frac{l^3 m}{d^4}f^2$ 计算试样的杨氏模量 E，并根据式 $E_0=KE$ 修正。

【注意事项】

(1)实验所用激振和拾振传感器均为精密电磁式传感器，下面有悬挂试样的挂钩，实验调节及吊扎过程中要小心，用力大则有可能损坏挂钩及传感器。

(2)测试时尽可能采用较弱的信号激发，一方面保证不会因长时间输出功率过大而损坏传感器，另外发生虚假信号的可能性较小。

(3)用悬挂法吊扎试样必须牢靠，要保持两根细棉线在通过试样直径的铅垂面上且平行，以保持试样水平，吊扎位置不能在节点上。

【思考题】

(1)为什么吊扎点要偏离节点？怎样才能准确测量试样吊扎点在节点时的共振频率 f？

(2)怎样判断试样是否真正处于共振状态？判别真假共振峰有什么方法？

实验十五 声速综合测定实验

声波是一种在弹性媒质中传播的机械波,它是纵波,其振动方向与传播方向相平行。频率在 20 Hz~20 kHz 的声波可以被人听到,称为声波;频率低于 20 Hz 的声波称为次声波;频率在 20 kHz 以上的声波称为超声波。

本实验用压电陶瓷超声换能器来测定超声波在空气中的传播速度,它是非电量电测方法应用的一个例子。

【实验目的】

(1)了解声速综合测定仪的结构和测试原理。
(2)通过实验认识压电陶瓷换能器的功能。
(3)用相位比较法和时差法测量声速,加深有关共振、振动合成、波的干涉等理论知识的理解。

【实验器材】

声速综合测试仪信号源(见图 15-1),声速测试仪(见图 15-2),固体声速测量实验仪(见图 15-3),双踪示波器(见图 15-4)。

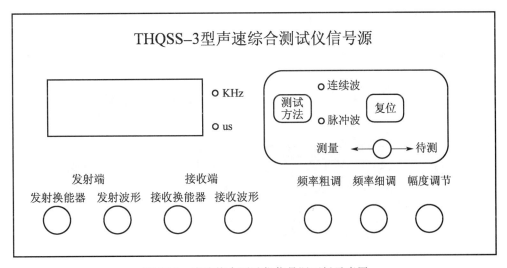

图 15-1 声速综合测试仪信号源面板示意图

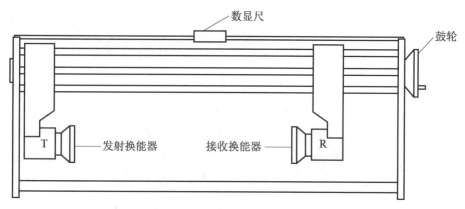

图 15-2 声速测试仪结构简图

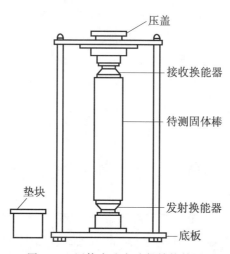

图 15-3 固体声速实验仪结构简图

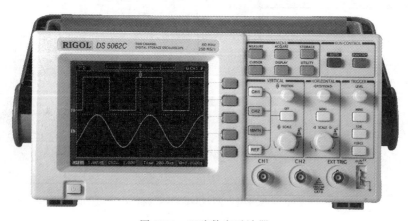

图 15-4 双踪数字示波器

【实验原理】

声波各参量之间的关系为 $V=\lambda\nu$,其中 V 为波速, λ 为波长, ν 为频率。

在实验中可以通过测定声波的波长 λ 和频率 ν 求声速。声波的频率可以直接从低频信号发生器(信号源)上读出,而声波的波长 λ 则常用相位比较法和共振干涉法(驻波法)来测量。

压电陶瓷是一种特殊的功能性陶瓷:当对这种陶瓷片施加压力或拉力,它的两端会产生极性相反的电荷;在它的两端加电场,内部就会产生应力变化,这种效应称为压电效应。

在压电陶瓷的两侧装上电极就做成了一个电能和机械能的换能器。在电极间接上交变电场,陶瓷就发生同频率的机械振动,发射机械波。同理,当陶瓷感受到了机械振动,在两电极上就呈现出同频率的电场的变化。

1) 相位比较法

实验装置接线如图 15-5 所示,置示波器功能于 X—Y 方式。当发射换能器 T 上接入高频变化的电场,它就发出超声波;当超声波通过介质(这里是空气)到达接收换能器 R 时,在发射波和接收波之间存在相位差。

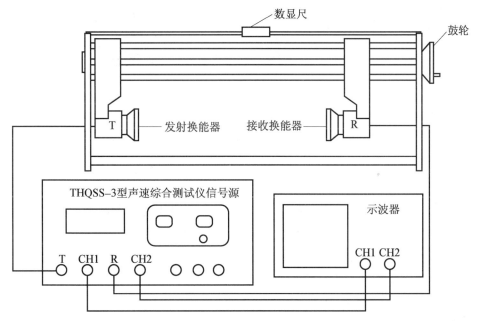

图 15-5 实验装置接线图

$$\Delta\varphi=\varphi_1-\varphi_2=2\pi\frac{L}{\lambda}=2\pi\nu\frac{L}{V} \tag{15-1}$$

式中,L 为两个换能器之间的距离;ν 为激发发射换能器的振荡频率。因此只要测量出 $\Delta\varphi$

就求得了声速。

$\Delta\varphi$ 的测定可用相互垂直振动合成的李萨如图形来进行。设输入 X 轴(CH1)的入射波振动方程为

$$x = A_1 \cos(\omega t + \varphi_1) \tag{15-2}$$

输入 Y 轴(CH2)的是由 R 接收到的波,其振动方程为

$$y = A_2 \cos(\omega t + \varphi_2) \tag{15-3}$$

上述两式中 A_1 和 A_2 分别为 X、Y 方向振动的振幅,ω 为角频率,φ_1 和 φ_2 分别为 X、Y 方向振动的初相位,则合成振动方程为

$$\frac{x^2}{A_1^2} + \frac{y^2}{A_2^2} - \frac{2xy}{A_1 A_2} \cos(\varphi_2 - \varphi_1) = \sin^2(\varphi_2 - \varphi_1) \tag{15-4}$$

此方程轨迹为椭圆,椭圆长、短轴和方位由相位差 $\Delta\varphi = \varphi_1 - \varphi_2$ 决定。当 $\Delta\varphi = 0$ 时,由式(15-4)得 $y = \frac{A_2}{A_1} x$,即轨迹为处于第一象限和第三象限的一条直线,显然直线的斜率为 $\frac{A_2}{A_1}$,如图 15-6(a)所示;当 $\Delta\varphi = \pi$ 时,得 $y = -\frac{A_2}{A_1} x$,则轨迹为处于第二象限和第四象限的一条直线,如图 15-6(e)所示。

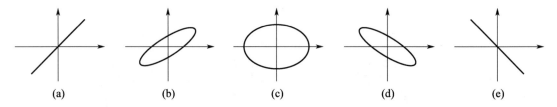

图 15-6 合成振动波形

改变发射换能器 T 和接收换能器 R 之间的距离 L,相当于改变了发射波和接收波之间的相位差,示波器上的图形也随 L 不断变化。显然,当 T、R 之间的距离改变半个波长 $\Delta L = \lambda/2$,则 $\Delta\varphi = \pi$。随着振动的相位差从 $0 \sim \pi$ 的变化,李萨如图形从斜率为正的直线变为椭圆,再变为斜率为负的直线。因此,每移动半个波长就会重复出现斜率符号相反的直线,测得了波长 λ 和频率 ν,根据式 $V = \lambda \nu$,即可计算室温下声音在介质中的传播速度。

2)时差法测固体声速

以脉冲调制信号激励发射换能器,产生的声波在介质中传播,经过时间 t 后,到达 L 距离处的接收换能器,则速度 V、距离 L 和时间 t 满足关系:

$$V = \frac{L}{t} \tag{15-5}$$

所以可以用上面公式求出声波在待测介质中的传播速度。

(1)由于两个换能器之间的距离 L,除了待测的固体介质外,还有间隙和黏合剂,为了消除这些影响,我们制作两个结构相同,但长度不同的装置。对于每种材料的固体棒,则分别

测出声波的传播时间,按照公式:
$$V=(L_2-L_1)/(t_2-t_1) \tag{15-6}$$
即可算出声波在这种单纯材料中的传播速度。

(2)我们提供两种材料的固体棒:铝棒和尼龙棒。每种材料有两根样品,其长度分别为 150 mm、100 mm。

【实验内容】

1. 声速测试仪系统的连接与调试

实验装置的连接方式如图 15-5 所示。

1)测试架上的换能器与声速测试仪信号源之间的连接

信号源面板上的发射端换能器 T 输出相应频率的电信号,将它接至测试架左边的发射换能器 T;信号源面板上的接收端换能器 R,用于接收换能器输出的电信号,将它接至测试架右边的接收换能器 R。

2)示波器与声速测试仪信号源之间的连接

信号源面板上的发射端的发射波形 CH1 接至双踪示波器的 CH1(X),信号源面板上的接收端的接收波形 CH2,接至双踪示波器的 CH2(Y),两列波的波形和频率相同,但相位不相同。

2. 测定压电陶瓷换能器系统的最佳工作点

当换能器 T 和 R 的发射面与接收面保持平行,当外加的驱动信号频率调到发射换能器 T 的谐振频率时振幅最大,可以得到较好的实验效果。

超声换能器工作状态的调节方法如下:各仪器都正常工作以后,首先调节声速测试仪信号源输出电压(可将其调到最大 8 V 左右),调节信号频率(在 29~43 kHz),观察频率调整时接收波的电压幅度变化,在某一频率点处(一般在 34.5~37.5 kHz 之间)电压幅度最大,此频率即是压电换能器 T、R 相匹配的频率点,记录此时频率 ν,改变 T 和 R 之间的距离 (100~300 mm 之间),适当选择位置(又至示波器屏上呈现出最大电压波形幅度时的位置),再微调信号频率,如此重复调整,再次测定工作频率 ν,共测 5 次,取平均值 $\bar{\nu}_0$。

(一)用相位比较法(李萨如图形)测量波长

(1)将声速综合信号源测试方法设置到连续波方式,连好线路,改变信号源的频率,观察从接收换能器 R 输出的信号幅度的变化,幅度最大的频率就是最佳工作频率 $\bar{\nu}_0$(见表 15-1)。

表 15-1 压电陶瓷换能器系统最佳工作频率

次数	1	2	3	4	5	平均值 $\bar{\nu}_0$
ν(kHz)						

(2)调节示波器。

①调节示波器使其工作在双踪显示,可以清晰完整地观察到发射波形与接收波形;把"时基"调至"X－Y"模式,可以观察到这两个振动方向互相垂直的两个波叠加产生的李萨如图形,使 R 轻轻靠拢 T,然后缓慢移离 R,观察示波器的波形。当示波器所显示的李萨如图形如图 15-6a 所示时,记下 R 的位置 X_1,适当调节示波器上的"VOLTS/DIV"或信号源上的"幅度调节",让图形适当大些。

②慢慢移动 R,依次记下示波器上波形由图 15-6 中由(a)变为(e)时,再从(e)变为(a)时,读数标尺位置的读数 $X_1, X_2, X_3, X_4, \cdots, X_{12}$ 共 12 个值(见表 15-2)。

③记下室温 t。

④用逐差法处理数据。

表 15-2 相位比较法测量声速

标尺读数		相距 3 个 λ 的距离/mm
$X_1=$	$X_7=$	$\Delta X_1=$
$X_2=$	$X_8=$	$\Delta X_2=$
$X_3=$	$X_9=$	$\Delta X_3=$
$X_4=$	$X_{10}=$	$\Delta X_4=$
$X_5=$	$X_{11}=$	$\Delta X_5=$
$X_6=$	$X_{12}=$	$\Delta X_6=$

$$\overline{\Delta X} = \frac{1}{6}\sum_{i=1}^{6}\Delta X_i = \underline{\qquad} \text{ mm}$$

$$\overline{\lambda} = \frac{1}{3}\overline{\Delta X} = \underline{\qquad} \text{ mm}$$

$$\overline{V} = \overline{\lambda}\,\overline{v}_0 = \underline{\qquad} \text{ m/s}$$

已知声速在标准大气压下与传播介质空气的温度关系为

$$V_S = (331.45 + 0.59t) = \underline{\qquad} \text{ m/s}$$

$$\overline{\Delta V} = |\overline{V} - V_S| = \underline{\qquad} \text{ m/s}$$

$$E = \frac{\overline{\Delta V}}{V_S} \times 100\% = \underline{\qquad}$$

(二)相位比较法测水中声波波长

当使用水为介质测试声速,先在测试槽中注入水,直到把换能器完全浸没,但不可过满,以免水溢出,测量液体声速时,由于在液体中声波的衰减较小,因而存在较大的回波叠加并且在相同频率的情况下,其波长 λ 要大得多,采用相位比较法进行测试。

注:水中声速测量根据测量数据自拟表格,并处理数据。其中声速与传播介质水的温度关系为

$$V_S = (1\ 390.90 + 4.6t) = \underline{\qquad} \text{ m/s}$$

因水中声速比较快,在 100~300 mm 范围内无法测量到 12 组数据,但为使测量结果更准确,请尽可能的测量数据。

(三)时差法测固体声速

(1)实验开始前首先分别将固体声速实验仪的发射换能器和接收换能器与声速综合测试仪信号源相应接口连接好,再将测量开关打到待测端,为了得到准确的测量结果,测量时需要在固体棒两端面上涂上适量的耦合剂,使其接触良好。旋开压盖使两个换能器之间的距离能够放下固体棒,将长待测固体棒放在支架上,将固体棒两端对准换能器的中心,再将固体棒夹紧。为了更好地耦合,应将固体棒夹紧,最后打开电源开关,将声速综合测试仪信号源测试方法切换到脉冲波方式,此时时间显示会显示为 OFF,将测量开关打到测量端,记下时间。

(2)将测量开关打到待测端,旋开接收换能器顶端压盖,取下长固体棒,将垫块置于发射换能器下面,再将短待测固体棒放于两换能器间,旋紧压盖,使其更好地耦合,将测量开关打到测量端,记下时间。

(3)将测量数据填入表格,利用公式(15-6)即可算出声波在此种固体中传播的速度。

(4)换另一种固体棒,重复步骤(1)、(2)、(3)。

将测得数据填入表 15-3。

表 15-3 时差法测固体声速　　　　　　　　室温 $t = \underline{\qquad}$ ℃

材料	$T_1(us)100/\text{mm}$	$T_2(us)150/\text{mm}$	$\Delta T/us$	$V/(\text{m/s})$
铝				
尼龙				

通过公式 $V = (L_2 - L_1)/(t_2 - t_1)$ 算出声波在不同固体物质中的传播速度。

不同固体介质声速传播测量参数(供参考)

尼龙:1 800~2 200 m/s;铝:5 000~6 420 m/s。

注:固体材料由于其材质、密度、测试的方法各有差异,故其声速测量参数仅供参考,实际测得的声速范围可能会较大。

【注意事项】

(1)声速信号源在受到外部强磁场干扰时,有时会产生死机,此时请按面板左侧复位按钮键进行复位。

(2)在测量气体和液体中的声速时,换能器发射端与接收端间距一般在 100~300 mm 之间测量数据,距离近时可把信号源面板上的发射强度减小,随着距离的增大可适当增大,示波器上图形失真时可适当减小发射强度。

(3)测试最佳工作频率时,应把接收端放在不同位置处测量5次,取平均值。

(4)固体声速测量时为了使测量更精确,每只样品的两端都要均匀地涂抹耦合剂(硅脂),但不可涂抹过多。

【思考题】

(1)在已知固体声速时能否用时差法测量固体物质的厚度?

(2)要在示波器上看到李萨如图形,应如何调节?

实验十六 落针法测量液体黏滞系数

当液体内部各个部分之间有相对运动时,由于存在内摩擦力会阻碍液体的相对运动,液体的内摩擦力称为黏滞力。黏滞力的大小与接触面面积以及接触面处的速度梯度成正比,比例系数 η 称为黏度或者黏滞系数,它是表征液体黏滞性强弱的重要参数。测量液体黏滞系数可用落针法(或落球法)、毛细管法、转筒法等,其中落针法适合测量黏度较高的液体。

【实验目的】

(1)了解落针法测量黏滞系数的原理。
(2)了解蓖麻油的黏度随温度变化的物理现象。
(3)用落针法测量不同温度下蓖麻油的黏滞系数。
(4)了解和学习用霍尔传感器结合单片机测量落针下落时间的方法。

【实验器材】

变温液体黏滞系数实验仪由测试台(含落针)和实验箱两部分组成,如图 16-1 所示。

测试台主要包括用透明有机玻璃制成的内、外两个圆筒容器,竖直固定在水平底座上,底座上有调节水平的螺钉。内筒中盛放待测液体,内、外筒之间通过控温系统灌水,用以对内筒进行水浴加热,外筒的一侧上、下端各有一个接口,用于水管与控温系统的水泵相连,底座上竖立一块有机玻璃的平板,平板上装有霍尔传感器和温度传感器接口。落针是采用有机玻璃管制成的中空细长圆柱体,两端装有永久磁铁,异名磁极相对,内部有配重的焊锡丝。

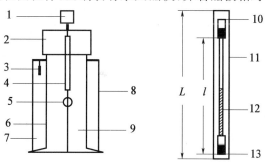

图 16-1 仪器结构与落针结构
1—取针装置;2—盖子;3—温度传感器;4—落针;5—霍尔传感器;6—内筒;
7—水;8—外筒;9—油;10—磁铁;11—有机玻璃管;12—焊锡丝;13—磁铁

实验箱由计时器和温控系统组成,计时器是以单片机为基础的计时器,计时精度为 1 ms,计时量程为 99.99 s,可以自动记录落针的下落时间。控温系统由微型水泵、加热装置及控温装置组成。开启微型水泵的电源后,水箱内的水从容器底部流入,从顶部流出,流回水箱,形成循环,对蓖麻油进行水浴加热,加热功率为 200 W,并通过智能温度控制仪将水温控制在预定的温度。蓖麻油的温度可以通过温度计进行测量。

【实验原理】

在稳定流动的液体中,因为液体的流速不同会产生切向力。快的一层给慢的一层以拉力,慢的一层给快的一层以阻力,这一对力称为液体的内摩擦力或黏滞力。实验指出,相邻两层之间的黏滞力为

$$f = \eta \frac{dv}{dx} S \tag{16-1}$$

式中,S 是两层间的接触面积;$\frac{dv}{dx}$ 是垂直于流速方向的速度梯度;η 为黏度,又称为黏滞系数,它取决于流体本身的性质和温度。液体的黏度随温度的升高而减小。例如,某种蓖麻油在不同温度下的黏度如表 16-1 所示。

表 16-1 某种蓖麻油在不同温度下的黏度

温度/℃	0	5	10	15	20	25	30	35	40
黏度/Pa·s	5.300	3.750	2.418	1.514	0.950	0.621	0.451	0.312	0.231

在国际单位制中,黏度的单位为帕·秒(Pa·s)。

在内半径为 R_1 的圆筒中装满黏度为 η,密度为 ρ_L 的待测液体,圆筒垂直放置,让半径为 R_2,长为 L 的细长中空圆柱体(落针)沿圆筒轴线下落,落针受到向下的重力和向上的黏滞力的作用,随着速度的增大,黏滞力也不断加大,经过一段时间,落针受力平衡,变为匀速运动,这时落针的速度 v_0 称为收尾速度。为了测量落针的收尾速度 v_0,采用霍尔传感器,在落针的两端装两个永久磁铁,当磁铁经过霍尔传感器时输出一个方波脉冲,用此方波脉冲触发单片机计时器,两个永久磁铁同名磁极间距除以两脉冲的时间差,即为收尾速度 v_0。

$$v_0 = \frac{l}{t} \tag{16-2}$$

在恒温条件下,黏滞系数 η 的公式为

$$\eta = \frac{g R_2^2 t (\rho_S - \rho_L)}{2l} \left(1 + \frac{2}{3L_r}\right) \left(\ln \frac{R_1}{R_2} - \frac{R_1^2 - R_2^2}{R_1^2 + R_2^2}\right) \tag{16-3}$$

式中,g 为重力加速度;R_1 为内筒的内半径;R_2 为落针的半径;ρ_S 为落针的密度;ρ_L 为油的密度;l 为磁铁同名磁极间距;L_r 为针长与针直径之比;t 为时间间隔。

【注意事项】

(1) 实验测量过程中,应使落针沿内筒的轴线下落,在落针下落过程中应保持竖直状态。

(2) 实验测量过程中,当针取出并沿内筒的轴线放置好后,由于蓖麻油受到扰动,处于不稳定状态,应稍等片刻后再将落针释放,进行测量。(等待 30 s 即可)

【实验内容与步骤】

1. 准备工作

(1) 调节测试台底盘上的调平螺钉,将水平泡中的气泡调节到中心位置。

(2) 将霍尔传感器安装在测试台的竖直板上,让探头与圆筒垂直,将霍尔传感器的四芯插头接到实验箱上的四芯插座上。

(3) 将实验箱上的 Pt100 的两个接线端和测试台的竖直板上的两个导线连接起来。

(4) 将实验箱上的进水口、出水口和测试架上的进水口(在桶的下方)、出水口(在桶的上方)用水管连接起来。

(5) 关闭放水阀门,用漏斗将水从水位观测口注入储水箱中,注意观察水位,不要超过红色标志线。

(6) 仔细检查每个进水口、出水口是否安装好,在确保安装完好的情况下,将加热开关和水泵开关都置于"关",然后接通电源,此时智能温度控制仪显示室温,智能毫秒计时器显示"0.000"。

(7) 开启水泵开关,水将在水箱和外筒之间循环流动,仔细观察各个水管接口处是否漏水。

2. 测量室温下蓖麻油的黏滞系数

(1) 在打开水泵开关,关闭加热开关的条件下运行 5 min,看水温是否恒定。如果水温不再变化,我们就认为此时蓖麻油的温度与水温相同。记录这个温度。

(2) 取下内筒上的盖子,将落针放入内筒(放入时,实心的一端在下面,这样落针下落时可以保证落针不会倾斜)。取出落针时首先将内筒上的盖子取下,用磁铁贴着桶壁无障碍物的一边缓慢向上移动将落针取出。(在此过程中,如果待测液体中产生大量气泡,要静止放置等待气泡自行消失。)

(3) 当蓖麻油稳定后,将落针取出,并使落针处于内筒的中轴线上,观察智能毫秒计时器是否处于停止状态,如果不是停止状态,请按"复位"键清零,然后使落针沿内筒的轴线下落,当落针下端的磁铁经过霍尔传感器时,霍尔传感器送出一个脉冲信号,智能毫秒计时器开始计时,当落针上端的磁铁经过霍尔传感器时,霍尔传感器又送出一个脉冲信号,智能毫秒计时器停止计时。重复测量 10 次落针的下落时间,并将实验数据记录在表 16-2 中。

表 16-2　落针下落时间 t

次数	1	2	3	4	5	6	7	8	9	10	平均
时间											

蓖麻油温度为_____℃,蓖麻油黏滞系数为_____Pa·s。

3. 测量 50 ℃下蓖麻油的黏滞系数

(1) 将仪器面板上的加热开关和水泵都置于"关",开启仪器电源,将智能温度控制仪的控制温度设定在 50.0 ℃,检查 PID 的参数是不是 $P=8, I=283, D=70$ (仪器出厂前已经设定好,是以 45 ℃为基准进行自整定的参数),如果不是请将 PID 的参数更改到上述数值。

(2) 打开水泵开关和加热器开关,当系统温度上升到 49.5 ℃时将加热开关置于"关",并将 P 的数值修改到 6,由于系统的热惯性,系统的温度还会继续上升。观察温度变化,当系统的温度达到稳定的 50 ℃时,往下继续实验,实验中温度的变化应小于±0.5 ℃。如果系统的温度始终达不到 50 ℃,可以打开加热开关,当系统温度上升到 49.5 ℃时再关。

(3) 重复"测量室温下蓖麻油的黏滞系数"的步骤即可测得蓖麻油在该温度下的黏滞系数。

【数据处理】

实验仪的参数如下:

内筒的内半径 $R_1=17.0$ mm,落针的半径 $R_2=3.0$ mm,落针密度 $\rho_S=1\,730$ kg/m³,磁铁同名磁极间距 $l=170.0$ mm,落针长度 $L=184.0$ mm,蓖麻油密度 $\rho_L=960$ kg/m³。

将上述数据代入 $\eta=\dfrac{gR_2^2 t(\rho_S-\rho_L)}{2l}\left(1+\dfrac{2}{3L_r}\right)\left(\ln\dfrac{R_1}{R_2}-\dfrac{R_1^2-R_2^2}{R_1^2+R_2^2}\right)$ 可得

$$\eta=0.16225t \tag{16-4}$$

将测量得到的数据的平均值直接代入式(16-4)即可得到蓖麻油的黏滞系数 η。

注意:测量蓖麻油大于室温的黏滞系数时由于有机玻璃导热的滞后性,水温和油温之间必然存在一定的温差,而且温差随时间的加长而减小。所以,在实验测量时,应该以油温为标准。

【思考题】

(1) 以下因素是否会给实验造成误差:①容器倾斜;②落针不沿轴线下落;③油中有气泡。是否还有其他因素给实验造成误差?

(2) 如果落针在下落过程中,落针表面附有小气泡,则将使测量值偏大还是偏小?

(3) 如果选用不同密度的落针进行实验,对实验结果是否有影响?

实验十七 电阻元件的伏安特性

电阻是电学中常用的物理量,利用欧姆定律求电阻的方法称为伏安法,它是测量电阻的基本方法。为了研究材料的导电性,通常作出其伏安特性曲线,以便一目了然地看出它的电压与电流的关系。伏安特性曲线是直线的元件称为线性元件,伏安特性曲线不是直线的元件称为非线性元件,这两种元件的电阻都可以用伏安法测量。但由于测量时电表被引入测量电路,电表内阻必然会影响测量结果,因而应考虑对测量结果进行必要的修正,以减小系统误差。

【实验目的】

(1)学习常用电磁学仪器仪表的正确使用及简单电路的连接方法。
(2)学习测量线性电阻和非线性电阻的伏安特性。
(3)学习用作图法处理实验数据,并对所得伏安特性曲线进行分析。

【实验器材】

(1) 0～20 V 可调直流稳压电源。
(2) 直流数字电压表,量程为 2 V/20 V 可调,内阻为 1 MΩ。
(3) 直流数字毫安表,量程为 200 μA/2 mA/20 mA/200 mA 可调,其相对应内阻分别为 1 kΩ、100 Ω、10 Ω、1 Ω。
(4) 待测 240 Ω,2 W 金属膜电阻、普通二极管、稳压管(5.6 V)、小灯泡(12 V/0.1 A)等元件。

【实验原理】

元件的两端电压与通过它的电流之比等于其电阻。当加在元件两端的电压大小变化时,若电压与通过它的电流的比值是变化时,则伏安特性曲线不是直线而是曲线,这类元件称为非线性元件。一般的金属导体电阻是线性电阻,它与外加电压的大小和方向无关,其伏安特性曲线是一条直线。根据

$$R = \frac{U}{I} \tag{17-1}$$

即可求得阻值 R。非线性电阻元件的阻值是随电压变化的,可以通过作图来表示它的特性。
用伏安法测电阻,原理简单,测量方便,但由于电表内阻接入的影响,会给测量带来一定

系统误差。

【实验内容】

1. 测量金属膜电阻的伏安特性

电流表内接法和电流表外接法

连接好电路。金属膜电阻 R_x 为 240 Ω，每改变一次电压 V 值，读出相应的电流 I 值，填入表 17-1 中，作出伏安特性曲线，并从曲线上求得电阻值。

表 17-1 金属膜电阻的伏安特性

电压(V)									
电流(mA)									

根据电表内阻的大小，分析上述两种测量方法中，哪种电路的系统误差小。

注：内接和外接分别列表并将两条伏安特性曲线作在同一图上。

2. 测量二极管的伏安特性

用外接法连接电路，测定普通二极管的正向特性。测定二极管的正向特性曲线，不应等间隔地取点，即电压的测量值不应等间隔地取，而是在电流变化缓慢区间，电压间隔取得疏一些，如测试的 2CW14 型稳压管，电压在 0~0.6 V 间均匀取点，0.6 V 以上隔 0.05 V 取点，至电流 20(或 40)mA 为止。在电流变化迅速区间，电压间隔取得密一些。

用内接法连接电路，测定二极管的反向特性。

3. 测量稳压管的伏安特性

稳压管实质上就是一个面结型硅二极管，它具有陡峭的反向击穿特性，工作在反向击穿状态。在制造稳压管的工艺上，使它具有低压击穿特性。在稳压管电路中，串入限流电阻，使稳压管击穿后电流不超过允许的数值，因此击穿状态可以长期持续，并能很好地重复工作而不致损坏。稳压管的特性曲线如图 17-1 所示，它的正向特性和一般硅二极管一样，但反向击穿特性较陡。由图 17-1 可见，当反向电压增加到击穿电压以后，稳压管进入击穿状态。虽然反向电流在很大的范围内变化，但它两端的电压 V_x 变化很小，即 V_x 基本恒定。利用稳压管的这一特性，可以达到稳压的目的。

稳压管的稳定电压 V_x，即稳压管在反向击穿后其两端的实际工作电压。这一参数随工作电流和温度的不同略有改变，并且分散性较大，如 2CW14 型的 $V_x=6~7.5$ V。但对每一个管子而言，对应于某一范围内的工作电流、稳定电压有相应的确定值。ΔV_x 为稳压误差。

稳压管的稳定电流 I_x，即稳压管处于稳定电压时的工作电流，是一个较大的电流变化范围。$I_{x\max}$ 是指稳压管的最大工作电流，超过此值，即超过了管子的允许耗散功率。$I_{x\min}$ 是指稳压管的最小工作电流，低于此值，V_x 不再稳定。

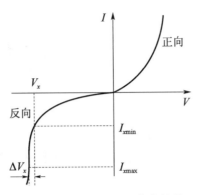

图 17-1 稳压二极管的伏安特性

将稳压管反接,用内接法连接电路;同样在电流变化迅速区域(0～20 mA)或(10～40 mA),电压间隔应取得密一些。

4. 测量小灯泡的伏安特性

给定一只 12 V,0.1 A 小灯泡,起始电流为 20 mA,电流表选 200 mA 挡,电压表选 20 V 挡。要求:

自行设计测量伏安特性的线路;

绘制小灯泡的伏安特性曲线;

判定小灯泡是线性元件还是非线性元件。

【注意事项】

(1) 使用电源时要防止短路,接通和断开电路前应使输出为零,先粗调然后再慢慢微调。

(2) 测量金属膜电阻的伏安特性时,所加电压不得使电阻超过额定输出功率。

(3) 测量稳压管伏安特性时,电路中电流值不应超过其最大稳定电流 $I_{x\max}$。

实验十八 非平衡电桥

桥式电路的应用十分广泛。根据工作时电桥是否平衡,可以将电桥分为平衡电桥和非平衡电桥两种。非平衡电桥有读数,往往只是表示偏离平衡位置的一个较小的量,它可以和一些传感器元件配合使用,通过传感器元件阻值的变化来测量其他参数(压力、温度、光强等)。

【实验目的】

(1)掌握非平衡电桥的工作原理。
(2)掌握非平衡电桥测量温度的方法。

【实验器材】

非平衡电桥实验仪,温控仪,热敏电阻,铂热电阻。

【实验原理】

1. 热敏电阻

电阻值随着温度的变化会发生显著改变的电阻称为热敏电阻,根据制作材料的不同,可以分为半导体类、金属类、合金类。本次实验主要使用的是半导体热敏电阻。

1)半导体热敏电阻

半导体热敏电阻是由对温度非常敏感的半导体陶瓷质材料构成的,其作为温度传感器具有用料省、成本低、体积小等优点,可以简便灵敏地测量微小温度的变化。这类热敏电阻均具有非常大的电阻温度系数和高的电阻率,用其制成的传感器的灵敏度也相当高。

电阻温度系数为

$$\alpha = \frac{1}{R}\frac{dR}{dT}$$

式中,R 是电阻,T 为绝对温度。

选择不同的制作工艺和材料,可以制成不同性质的热敏电阻。随着温度的升高,电阻逐渐增大的称为正温度系数热敏电阻($\alpha > 0$),反之则称为负温度系数热敏电阻($\alpha < 0$)。

2)金属热电阻

金属导体的电阻值会随着温度的升高而增加。它的主要特点是测量精度高,性能稳定。能够用于制作热电阻的金属材料需要具备以下特性:

(1) 电阻温度系数要尽可能大,并且稳定,电阻值与温度之间应具有良好的线性关系;
(2) 电阻率高,热容小,反应速度快;
(3) 材料的复现性和工艺性好,价格低;
(4) 在测量范围内物理和化学性质稳定。

目前铂电阻传感器在各种介质中(包括腐蚀性介质),表现出明显的高精度和高稳定的特征。它不仅广泛应用于工业测温,而且被制成标准的基准仪。本实验中,使用了 Pt100 铂电阻作为基准仪来测量温控箱中的温度。Pt100 指的是这种铂电阻在温度为 0 ℃ 的时候电阻为 100 Ω,它的阻值会随着温度的上升而均匀增长,在 100 ℃ 时它的阻值约为 138.5 Ω。

但是,在灵敏度方面,铂热电阻不如半导体陶瓷质的热敏材料,所以在具体使用时,应该根据不同的需求选取合适的电阻元件。

2. 非平衡电桥的工作原理

电桥的原理电路如图 18-1 所示。

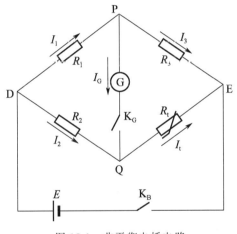

图 18-1 非平衡电桥电路

图 18-1 中,R_1、R_2、R_3 是选定的精密桥臂电阻,R_t 是选定的热敏电阻。当 $\dfrac{R_1}{R_2}=\dfrac{R_3}{R_t}$ 时,电桥处于平衡状态,PQ 两点之间的电压值为 0。随着温度的改变,R_t 的阻值随之改变,电桥平衡被打破,PQ 两点之间的电压值不为零,R_t 和 U_{PQ} 的关系,就表示了外界物理量(温度)的变化。

非平衡电桥有四种典型的工作方式,以热敏电阻为例,假设温度为 t_0 时,热敏电阻阻值为 R_{t_0},其他三个电阻有许多搭配方式都能达到电桥平衡。当电桥的三个桥臂的阻值都相等,即 $R_1=R_2=R_3=R_{t_0}$ 时称为等臂电桥,它的灵敏度高,但显示变化的范围小;当 $R_2=R_{t_0}$,$R_1=R_3$ 时称为卧式电桥;当 $R_3=R_{t_0}$,$R_1=R_2$ 时称为立式电桥;在 $R_2=KR_{t_0}$,$R_1=KR_3$ 时称为比例电桥。R_1 变化后,R_{t_0} 同样的阻值变化可以有较大的显示变化,但灵敏度会降低。

比例电桥可以灵活地选用桥臂电阻,测量显示的范围大,线性较好,在实际使用中应用较多。

【实验内容与步骤】

1. 电路连接

按照图 18-2 接好电路:非平衡电桥实验仪的接线柱 1、2、3 短接,接线柱 8、9 短接;把热敏电阻作为电桥的一个桥臂接入接线柱 7、8 之间,同时把热敏电阻放入智能温控仪的"温度传感器插孔"中;最后将 Pt100 铂电阻插入另一个插孔中,Pt100 的三根引线接到温控仪面板上的相应插孔。温度的数值在测温仪上直接读出。

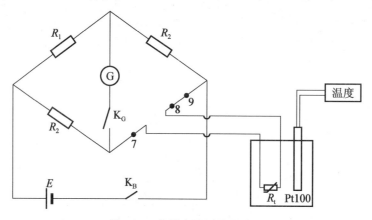

图 18-2 热敏电阻测量电路图

2. 测量热敏电阻的阻值和温度的关系

为了便于说明,这里选用立式电桥,调节 $R_1=R_2=100\ \Omega$(具体数值可根据情况调整)。

打开非平衡电桥仪开关,电源电压选择 6 V,检流计开关 G 打到"内接",按下"KB"按钮并锁牢。再点动"KG"按钮,同时调节 R_3,使桥路输出电压尽可能接近 0,此时 R_3 的示数最接近室温 t_0 时的电阻值,记录当前的温度 t_0 以及室温下电桥平衡对应的电阻值 R_{t_0}。

打开温控仪的电源开关,设定温控仪目标温度,以 5 ℃ 为一个温度间隔,加热提高热敏电阻的温度,热敏电阻阻值发生变化,电桥平衡被破坏。当达到设定温度值后,点动"KG"按钮,调节 R_3 使电桥恢复平衡,记录下此时对应的电阻值 R_t。以此类推,至少记录 7 组数据。

根据所得数据,绘制出 R_t-t 曲线,并对结果进行分析,并判断所测量的热敏电阻是属于正温度系数还是负温度系数。

3. 测量非平衡电桥的输出电压与热敏电阻温度的关系

保持 $R_1=R_2=100\ \Omega$,调节 R_3 到 R_{t_0},室温 t_0 时电桥将处于平衡状态。

保持 R_1、R_2、R_3 电阻值不变,使加热源持续加热,温度每升高 5 ℃,点动按下按钮"KG",记录当前温度值及与之对应的非平衡电桥的输出电压 U 的数值。至少记录 7 组数据,最高温度可达 70 ℃。

根据所得数据,绘制出 U_t-t 曲线,并分析结果与意义。

【数据处理】

数据处理见表 18-1、表 18-2。

表 18-1　热敏电阻阻值与温度的关系

$R_{t_0}=$ _____ Ω　$t_0=$ _____ ℃　热敏电阻的类型 _____

温度 t(℃)									
R_t(Ω)									

表 18-2　非平衡电桥输出电压与热敏电阻温度关系

$R_{t_0}=$ _____ Ω　$t_0=$ _____ ℃

温度 t(℃)									
U_t(mV)									

实验十九 数字万用表的搭建

万用表是一种多功能、多量程的便携式电工仪表,是电工必备的仪表之一。一般的万用表可以测量交直流电流、交直流电压和电阻以及晶体管共射极直流放大系数 h_{FE} 等。

通过本实验,学生能了解数字万用表的工作原理、组成和特性等,掌握分压分流、整流滤波、过压过流保护等电路的原理。

【实验器材】

数字万用表搭建实验仪,标准数字万用表,直流电源,交流电源,滑线变阻器。

(一)数字万用表搭建实验仪简介

如图 19-1 所示,从面板上可以看到,该实验仪由多个独立的模块组成,分别是分压电阻、分流电阻、分挡电阻电路、AC/DC 转换电路、二极管与通断测试电路、待测交流电压电

图 19-1 数字万用表搭建实验仪面板

流、待测直流电压电流、三极管测量、测量输入模块(200 mV 量程、表头和小数点控制电路)、待测电阻、电位器、直流电压校准、电阻挡基准电压、电阻挡保护电路、电流挡保护电路等部分。它们的合理搭建可实现数字万用表的全部功能。现将主要部分介绍如下。

1. 分压电阻模块

在数字电压表头前面加一级分压电路(分压电阻)，可以扩展直流电压测量的量程。它能在不降低输入阻抗的情况下，达到准确的分压效果。尽管最高量程挡的理论量程是 2000 V，但通常的数字万用表出于耐压和安全考虑，规定最高电压量限为 1000 V 或 750 V。

2. 分流电阻

测量电流是根据欧姆定律，用合适的取样电阻把待测电流转换为相应的电压，再进行测量。

3. AC/DC 转换电路

数字万用表中交流电压、电流测量电路是在分压器或分流器之后串入了一个交流-直流(AC/DC)变换器，该 AC/DC 变换器主要由集成运算放大器、整流二极管、RC 滤波电容等组成，还包括一个能调整输出电压高低的电位器——AC/DC 校准电位器，用于对交流电压挡进行校准，调整该电位器可使数字电压表头的显示值等于被测交流电压的有效值。

同直流电压挡类似，出于对耐压、安全方面的考虑，交流电压最高挡的量限通常限定为 700 V(有效值)。

4. 分挡电阻模块

数字万用表中的电阻挡采用的是比例测量方法，我们只要选取不同的标准电阻(分挡电阻)并适当地对小数点进行定位，就能得到不同的电阻测量挡。

5. 二极管与通断测试电路

二极管特性测量其实质仍是电压测量。当二极管正向接入时，其正向电压可在数显表上读出。如出现超量程，表示二极管内部断路；如读数接近零，表示内部短路；当二极管反接时，应出现超量程指示。

本电路也可用于测试电路的通断，电路导通时，蜂鸣器长鸣。

6. 三极管特性测试

可以粗略测量小功率晶体三极管共射极电流放大系数 $h_{FE}(\beta)$ 的值。

7. 数显表头

数显表头是数字式万用表的重要部件，本实验仪采用数码管显示数显表头。数显表头内部有一个参考电压 V_{REF}，通常也称作基准电压，当表头的输入端接入值为 V_{IN} 的被测电压时，表头的显示数 N 由下式决定：$N = 1\,000 V_{IN}/V_{REF}$。本实验仪 V_{REF} 取为 100.0 mV，这样，如果 $V_{IN} = 123.4$ mV，则 $N = 1\,234$。如果将右起第二位数码管的小数点点亮，则显示数就与所测电压值一致。不同的测量挡位,应点亮的小数点位置也应随之而变。

8. 小数点控制电路

用于控制小数点的位置,实现同一表头有效数字位数相同情况下显示不同的数量级。

(二)标准数字万用表

该表为市场上常见的商品,用于校准搭建组装的万用表。

【实验内容要求】

(1)搭建多量程直流数字电压表(0~2 V,0~20 V)。
(2)搭建多量程直流数字电流表(0~200 mA,0~2 A)。
(3)搭建多量程交流数字电压表(0~2 V,0~20 V)。
(4)搭建多量程交流数字电流表(0~200 mA,0~2 A)。
(5)搭建多量程数字欧姆表。
(6)判断和区分 PNP 和 NPN 三极管。
(7)测量三极管的放大系数 $h_{FE}(\beta)$。
(8)测量二极管的正向压降。

【注意事项】

(1)实验时应当"先接线,再加电;先断电,再拆线",加电前应确认接线无误,避免短路。

(2)即使加有保护电路,也应注意不要用电流挡或电阻挡测量电压,以免造成不必要的损失。

(3)如果事先对被测电压、电流大小无法估计,应将量程开关转到最高的挡位,然后根据显示值转至相应挡位上。数字表头出现显示"1"或"-1",表明输入过载,应增大量程测量,此时应换大量程挡或断开输入信号,避免长时间超量程。

(4)因仪器采用开放式模块化设计,为了安全起见,严禁使用本仪器测量超过 36 V 的电压。

实验二十 测定螺线管轴向磁感应强度的分布

霍尔效应是测量磁场的有力工具;利用该效应制成的霍尔器件,由于其结构简单、功耗低、寿命长、可靠性高等优点,已广泛用于磁场测量、自动控制和信息处理等方面。

【实验目的】

(1)学习用霍尔效应测量磁场的原理和方法。
(2)利用霍尔元件测绘长直螺线管的轴向磁场分布。

【实验器材】

螺线管磁场测定实验仪和测试仪。

【实验原理】

1. 霍尔效应法测量螺线管中的磁场

当霍尔元件的工作电流为 I_S,测得的霍尔电压为 V_H,则垂直于霍尔元件方向的磁感应强度(详见实验九霍尔效应实验)为

$$B = \frac{V_H}{K_H I_S} \tag{20-1}$$

式中,K_H 为霍尔元件的灵敏度,由厂家给出,螺线管中的磁场由励磁电流产生。

2. 霍尔电压 V_H 的测量方法

霍尔效应产生的同时会伴随多种副效应;根据这些副效应产生的机理,采用工作电流 I_S 和励磁电流 I_M 换向的对称测量法,基本上可以把副效应的影响从测量结果中消除。具体的做法是:保持工作电流 I_S 和励磁电流 I_M 的大小不变,依次改变工作电流 I_S 和励磁电流 I_M 的方向,得到 4 个霍尔电压 V_1、V_2、V_3 和 V_4(都取正值),将这 4 个霍尔电压取平均值可以得到

$$V_H = \frac{V_1 + V_2 + V_3 + V_4}{4} \tag{20-2}$$

3. 载流长直螺线管内的磁感应强度

载流长直螺线管可以看成是一列有共同轴线的圆形线圈并排组合,轴线上某点的磁感应强度,可以通过对各圆形线圈中的电流在该点产生的磁感应强度进行叠加而得。

根据毕奥-萨伐尔定律,载流长直螺线管内轴线上点 P 的磁感应强度为

$$B_P = \frac{1}{2}\mu_0 N I_M (\cos\beta_2 - \cos\beta_1) \tag{20-3}$$

式中,μ_0 为真空磁导率,$\mu_0 = 4\pi \times 10^{-7}$ H/m;N 为长直螺线管单位长度的线圈匝数;I_M 为线圈的励磁电流;如图 20-1 所示,β_1、β_2 分别为任意点 P 到螺线管两端径矢与轴线夹角,点 O 为 X 轴的坐标原点,位于螺线管中央。

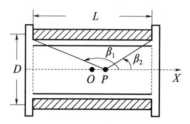

图 20-1 螺线管两端径矢与轴线夹角示意图

根据几何关系可知:在 P 点处,β_1、β_2 的余弦值满足下面的关系:

$$\cos\beta_1 = -\frac{\frac{1}{2}L + X}{\sqrt{\left(\frac{1}{2}L+X\right)^2 + \left(\frac{1}{2}D\right)^2}}, \quad \cos\beta_2 = \frac{\frac{1}{2}L - X}{\sqrt{\left(\frac{1}{2}L-X\right)^2 + \left(\frac{1}{2}D\right)^2}} \tag{20-4}$$

式中,D 为长直螺线管直径;L 为长直螺线管的长度;X 为点 P 的坐标值。结合式(20-3)、式(20-4)可以计算出磁感应强度 B 的理论值。

【实验内容与步骤】

1. 实验准备工作

(1)按图 20-2 连接测试仪和实验仪之间相对应的 I_S、V_H 和 I_M 各组连线,I_S 及 I_M 换向开关投向上方,表明 I_S 及 I_M 均为正值,反之为负值。"V_H、V_σ"切换开关投向上方测 V_H,投向下方测 V_σ。经教师检查后方可开启测试仪的电源。

必须强调指出:决不允许将测试仪的励磁电源"I_M 输出"误接到实验仪的"I_S 输入"或"V_H 输出"处,否则一旦通电,霍尔元件即遭损坏。

为了准确测量,应先对测试仪进行调零,即将测试仪的"I_S 调节"和"I_M 调节"旋钮均置零位,待开机数分钟后若 I_M 显示不为零,可通过面板左下方小孔的"调零"电位器实现调零。

(2)分别转动霍尔元件探杆的横向调节支架的旋钮 X_1、X_2 和纵向调节支架的旋钮 Y,慢慢将霍尔器件移到螺线管的中心 O 点。

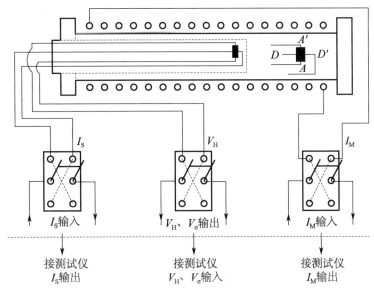

图 20-2　测试仪和实验仪连线

2. 测绘螺线管轴线上磁感应强度的分布曲线

取 $I_S=8.00$ mA，$I_M=0.800$ A(可根据实验的需要来设置这两种电流的大小)，并在实验过程中保持不变。

(1)以螺线管轴线为 X 轴，相距螺线管两端口等远的中心位置为坐标原点，分别调节霍尔元件探杆的横向调节支架的旋钮 X_1 和 X_2，使测距尺读数 $X_1=X_2=0.0$ cm，即保证霍尔元件位于长直螺线管的中心 O 点。霍尔元件探杆的探头距离中心位置的长度为 $X=14-X_1-X_2$。

先保持 $X_2=0.0$ cm，调节 X_1 旋钮，使 X_1 分别停留在 0.0 cm、0.5 cm、1.0 cm、1.5 cm、2.0 cm、5.0 cm、8.0 cm、11.0 cm、14.0 cm 等读数处；再保持 $X_1=14.0$ cm，调节 X_2 旋钮，使 X_2 分别停留在 3.0 cm、6.0 cm、9.0 cm、12.0 cm、12.5 cm、13.0 cm、13.5 cm、14.0 cm 等读数处。按对称测量法测出各相应位置的 V_1、V_2、V_3、V_4 值，根据式(20-1)和式(20-2)计算对应的霍尔电压 V_H 及磁感应强度 B 的实验值，根据式(20-3)和式(20-4)可以计算出磁感应强度的理论值，分别记入表 20-1 中。

(2)绘制 B—X 曲线，验证螺线管端口的磁感应强度为中心位置磁感应强度的 $\frac{1}{2}$。

(3)将实验得到的螺线管轴向磁感应强度 B 值与计算得到的理论 B 值进行比较，求出相对误差。

注意：

(1)测绘 B—X 曲线时，螺线管两端口附近磁强变化大，应多测几点。

(2)霍尔元件灵敏度 K_H 值和螺线管单位长度线圈匝数 N 已经标注在实验仪上。

【数据记录与处理】

长直螺线管的长度 $L=$ _____， 直径 $D=$ _____。

表 20-1　$I_S=8.00$ mA，$I_M=0.800$ A(可根据实验的需要来设置这两种电流的大小)

X_1 (cm)	X_2 (cm)	X (cm)	V_1(mV) $+I_S$、$+B$	V_2(mV) $+I_S$、$-B$	V_3(mV) $-I_S$、$-B$	V_4(mV) $-I_S$、$+B$	V_H (mV)	B(KGS) 实验值	理论值	相对误差
0.0	0.0									
0.5	0.0									
1.0	0.0									
1.5	0.0									
2.0	0.0									
5.0	0.0									
8.0	0.0									
11.0	0.0									
14.0	0.0									
14.0	3.0									
14.0	6.0									
14.0	9.0									
14.0	12.0									
14.0	12.5									
14.0	13.0									
14.0	13.5									
14.0	14.0									

【注意事项】

(1)严禁鲁莽操作，以免损坏设备。
(2)仪器接通电源后，预热数分钟即可进行实验。

【思考题】

(1) 在什么样的条件下会产生霍尔电压，它的方向与哪些因素有关？

(2) 本实验在产生霍尔效应的同时，还会产生哪些副效应？如何消除副效应的影响？

(3) 用霍尔元件测磁场时，如果磁场方向与霍尔元件的法线不一致，对测量结果有什么影响？

【仪器简介】

1) 长直螺线管

长度 $L=28$ cm，单位长度的线圈匝数 N（匝/m）和霍尔元件灵敏度 K_H 均已标注在实验仪上。

2) 霍尔元件和调节机构

实验仪如图 20-3 所示，探杆固定在二维（X、Y 方向）调节支架上。其中 Y 方向调节支架通过旋钮 Y 调节探杆中心轴线与螺线管内孔轴线位置，应使之重合。X 方向调节支架通过旋钮 X_1、X_2 调节探杆的轴向位置。二维支架上设有 X_1、X_2 及 Y 测距尺，用来指示探杆的横向及纵向位置。

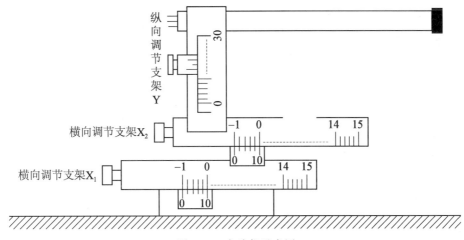

图 20-3　实验仪示意图

实验者应将霍尔元件探杆的探头从长直螺线管的右端移至左端，先调节 X_1 的旋钮，使横向调节支架 X_1 的测距尺读数 X_1 从 0.0 cm 调至 14.0 cm；再调节横向调节支架 X_2 的旋钮，使调节支架 X_2 的测距尺读数 X_2 从 0.0 cm 调至 14.0 cm。反之，将探头从螺线管左端移至右端，先调节 X_2 的旋钮，读数从 14.0 cm 调至 0.0 cm；再调节 X_1 的旋钮，读数从 14.0 cm 调至 0.0 cm。

3) 双刀双掷换向开关，用以改变工作电流 I_S、励磁电流 I_M 及霍尔电压 V_H 的方向

实验二十一 铁磁材料的磁滞回线和基本磁化曲线

铁磁材料主要用在电机制造业和通信器件中,如发电机、变压器和电表磁头。随着电子计算机和信息科学的发展,铁磁材料还可以用于信息的存储和记录。对铁磁材料性能的研究,无论在理论上或应用上都有很重要的意义。

【实验目的】

(1)认识铁磁材料的磁化规律,比较两种典型的铁磁材料的动态磁化特性。
(2)掌握铁磁材料磁滞回线的概念。
(3)学会用示波器观察动态磁滞回线的原理和方法。
(4)测定样品的基本磁化曲线,作 μ—H_m 曲线。
(5)测定样品的矫柱力 H_D 和剩磁 B_r 参数。
(6)测绘样品的磁滞回线,估算磁滞损耗[BH]。

【实验器材】

磁滞回线实验仪,双踪示波器。

【实验原理】

1. 铁磁材料的磁滞特性

铁磁材料是一种性能特异且用途广泛的材料。铁、钴、镍及其众多合金以及含铁的氧化物(铁氧体)均属于铁磁材料。磁滞特性是铁磁材料在反复磁化过程中磁感应强度 B 的变化落后于磁场强度 H 变化的特性。

图 21-1 为铁磁材料的基本磁滞回线,其中原点 o 表示铁磁材料处于磁中性的初始状态,即 $B=H=0$,S 点和 S' 点表示铁磁材料处于饱和状态。当磁场强度 H 从零开始增加时,磁感应强度 B 随之从零缓慢上升,如曲线 oa 段所示;接着磁感应强度 B 随磁场强度 H 的增加而迅速增长,如曲线 ab 段所示;然后磁感应强度 B 的增长又趋于缓慢,并当磁场强度 H 增加到 H_S 时,磁感应强度 B 达到饱和值 B_S,这一过程中 $oabS$ 曲线称为起始磁化曲线。若铁磁材料在达到饱和状态之后,将磁场强度 H 减小,那么磁感应强度 B 也将减小。当磁场强度从 H_S 逐渐减小至零,磁感应强度 B 并没有沿起始磁化曲线恢复到原点,而是沿着另一条新的曲线 SR 下降,这说明铁磁材料的磁化过程是不可逆的。比较线段 $oabS$ 曲线和 SR 曲线可知:当磁场强度 H 减小时磁感应强度 B 也相应减小,但是磁感应强度 B 的变

化总是滞后于磁场强度 H 的变化,这种现象称为磁滞。磁滞现象的明显特征是:当磁场强度 $H=0$ 时,磁感应强度 B 并不等于 0,而是保留一定大小的剩磁 B_r。

当磁场强度 H 反向从 0 逐渐变至 H_D 的过程中,磁感应强度 B 逐渐减小;这一现象表明:要消除铁磁材料的剩磁,可以施加反向磁场强度 H。当反向磁场强度 $H=H_D$ 时,磁感应强度 $B=0$,H_D 称为矫顽力,它的大小反映出铁磁材料保留剩磁的能力,曲线 RD 称为退磁曲线。继续增加反向磁场强度 H,铁磁材料又将被反向磁化达到反方向的饱和状态 S';然后,逐渐减小反向磁场强度 H 到 0 时,磁感应强度 B 值减小为 $-B_r$。此时再施加正向磁场强度 H,磁感应强度 B 逐渐减小至 0 后又逐渐增大至饱和状态 S。

由图 21-1 可以看出:当磁场强度按 $H_S \to 0 \to H_D \to -H_{S'} \to 0 \to H_{D'} \to H_S$ 次序变化,相应的磁感应强度 B 则沿闭合曲线 $SRDS'R'D'S$ 变化,磁感应强度 B 的变化总是滞后于磁场强度 H 的变化,这条闭合曲线称为磁滞回线。当铁磁材料处于交变磁场中时,将沿磁滞回线反复被磁化→去磁→反向磁化→反向去磁。磁滞是铁磁材料的重要特性之一,研究铁磁材料的磁性就必须知道它的磁滞回线。各种不同铁磁材料有不同的磁滞回线,主要是它们的矫顽力和剩磁大小不同。

应该说明:处于初始状态 $B=H=0$ 的磁性材料,在交变磁场中由弱到强依次进行磁化,可以得到面积由小到大向外扩张的一簇磁滞回线,如图 21-2 所示,这些磁滞回线饱和状态点的连线称为铁磁材料的基本磁化曲线。基本磁化曲线上各点与原点连线的斜率称为磁导率 μ,它表征在给定磁场强度条件下单位磁场强度 H 所激励出的磁感应强度 B。从磁化曲线上可以看出:磁感应强度 B 与磁场强度 H 呈现出非线性关系,铁磁材料的磁导率 μ 是随磁场强度 H 的变化而变化的。如图 21-3 所示,当铁磁材料处于磁饱和状态时,磁导率减小较快;磁化曲线起始点对应的磁导率称为初始磁导率,磁导率的最大值称为最大磁导率,这两者反映 μ—H_m 曲线的特点。

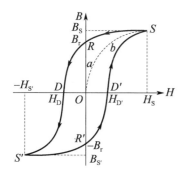

图 21-1 铁磁材料 B 与 H 的关系曲线

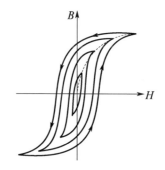

图 21-2 铁磁材料的基本磁化曲线

可以说磁化曲线和磁滞回线是铁磁材料分类和选用的主要依据,图 21-4 为两种常见磁性材料的磁滞回线,其中软磁材料的磁导率高,磁滞回线狭长、矫顽力和剩磁均较小,磁滞特性不显著,可以近似地用它的起始磁化曲线来表示其磁化特性,这种材料容易磁化,也容易退磁。而硬磁材料的磁滞回线较宽,矫顽力较大,剩磁较强,磁滞回线所包围的面积肥大,磁滞特性显著,因此硬磁材料经磁化后仍能保留很强的剩磁,并且这种剩磁不易消除。

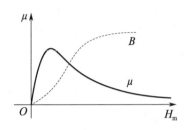

图 21-3　铁磁材料 μ 与 H_m 关系曲线

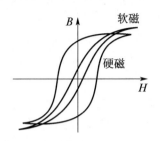

图 21-4　不同铁磁材料的磁滞回线

2. 用示波器显示磁滞回线的原理

测量和观察基本磁化曲线和磁滞回线的线路分别如图 21-5、图 21-6 所示,待测样品(SAMPLE)为 EI 型矽钢片组成的小变压器芯。其中,n 为用来测量磁感应强度 B 而设置的绕组;N 为励磁绕组,R_1 为励磁电流取样的可变电阻,励磁电流决定磁场强度 H 的大小。

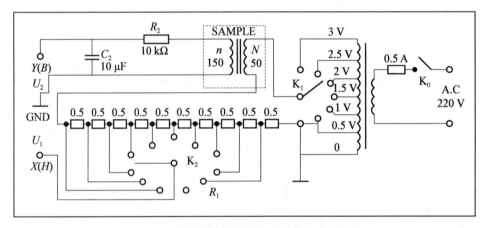

图 21-5　测量铁磁材料基本磁化曲线的线路图

在交流磁化电流的一个变化周期内,示波器显示屏的光点将描绘出一条完整的磁滞回线,并在以后每个周期都重复此过程,这样在示波器的荧光屏上可以看到稳定的磁滞回线。综上所述,将图 21-5 中的 U_1 和 U_2 分别加到示波器的"X 输入"和"Y 输入"便可观察样品的 B—H 曲线;如将 U_1 和 U_2 加到测试仪的信号输入端可测定样品的饱和磁感应强度 B_S、剩磁 R_r、矫顽力 H_D、磁滞损耗[BH]以及磁导率 μ 等参数。

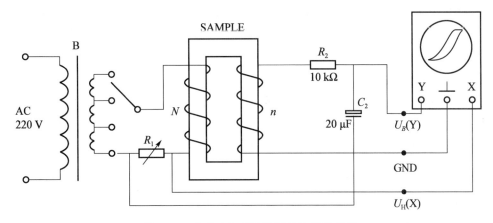

图 21-6　观察动态磁滞回线的接线示意图

【实验内容与步骤】

(1) 电路连接。

选样品并按实验仪上所给的电路图连接线路,并令 $R_1=2.5\ \Omega$,"U 选择"置于 0 位。U_H 和 U_B(U_1 和 U_2)分别接示波器的"X 输入"和"Y 输入",插孔⊥为公共端。

(2) 样品退磁(见图 21-7)。

开启实验仪电源,对样品消除剩磁,以确保样品处于磁中性的初始状态,即 $B=H=0$。具体操作为:先顺时针方向转动"U 选择"旋钮,使 U 从 0 增至 3 V;然后逆时针方向转动旋钮,将 U 从 3 V 降为 0。

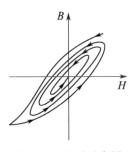

图 21-7　退磁示意图

(3) 观察磁滞回线。

开启示波器电源,调节示波器,将亮光点调至荧光屏坐标网格中心,取 $U=2.2$ V,分别调节示波器 x 和 y 轴的灵敏度,使荧光屏上出现图形大小合适的磁滞回线;如果磁滞回线的顶部出现了编织状的小环,这时可通过降低励磁电压 U 予以消除。

(4) 观察基本磁化曲线。

从 $U=0$ 开始,逐挡提高励磁电压,将在荧光屏上得到面积由小到大一个套一个的一簇磁滞回线。这些磁滞回线顶点的连线就是样品的基本磁化曲线,借助长余辉示波器,便可观察到该曲线的轨迹。

(5) 观察并比较样品 1 和样品 2 的磁化性能。

(6) 测绘 μ—H_m 曲线。

连接实验仪和测试仪之间的信号连线,开启电源,对样品进行退磁;依次测定 $U=0.5$ V,1.0 V,…,3.0 V 时的 10 组饱和值 $(H_m、B_m)$,这里 $H_m=H_S$,$B_m=B_S$;计算 $\mu=\dfrac{B_m}{H_m}$ 值,绘制 μ—H_m 曲线。

(7) 取 $U=3.0$ V,$R_1=2.5$ Ω,测定样品的矫顽力 H_D 和剩磁 B_r 参数。

(8) 逐点测定磁场强度 H 和其相应的磁感应强度 B 值,用坐标纸绘制磁滞回线(如何取数?取多少组数据?自行考虑);估算曲线所围面积,即估算出磁滞损耗 $[BH]$。

【数据记录与处理】

数据记录与处理见表 21-1 和表 21-2。

表 21-1 基本磁化曲线与 μ—H_m 曲线

U(V)	$H_m \times 10^3$ (A/m)	$B_m \times 10$ T	$\mu=\dfrac{B_m}{H_m}$(H/m)	U/V	$H_m \times 10^3$ (A/m)	$B_m \times 10$ T	$\mu=\dfrac{B_m}{H_m}$(H/m)
0.5				2.0			
1.0				2.2			
1.2				2.5			
1.5				2.8			
1.8				3.0			

表 21-2 磁滞回线

$H_D=$ _____ $B_r=$ _____

No.	$H \times 10^3$ (A/m)	$B \times 10$ T	No.	$H \times 10^3$ (A/m)	$B \times 10$ T	No.	$H \times 10^3$ (A/m)	$B \times 10$ T
1			2			3		
4			5			6		
⋮			⋮			⋮		

【注意事项】

(1)注意磁滞回线测定仪的使用方法。
(2)设计好合理的实验数据表格。

【思考题】

(1)为什么有时磁滞回线图形顶部出现编织状的小环？如何消除？
(2)测绘磁滞回线和基本磁化曲线时，为什么要先退磁？若不退磁对测绘结果有什么影响？

实验二十二 电子束的电偏转与磁偏转

对电子束的偏转,可以利用电极形成的静电场实现,也可以用电流形成的恒磁场实现。前者称为电偏转,后者称为磁偏转。随着科技的发展,利用静电场或恒磁场使电子束偏转原理和方法还被广泛地用于扫描电子显微镜、回旋加速器、质谱仪等许多仪器设备之中。

【实验目的】

(1)了解阴极射线管内灯丝 F、阴极 K、栅极 G、第一阳极(聚焦极)A_1 和第二阳极(加速极)A_2、水平偏转板 H_1、H_2、垂直偏转板 V_1、V_2 的结构与作用。

(2)掌握电子束在外加电场和磁场作用下偏转的原理和方式。

(3)观察电子束的电偏转和磁偏转现象,测定电偏转灵敏度、磁偏转灵敏度和截止栅偏压。

【实验器材】

电子束实验仪,示波管组件,0~30 V 可调直流电源(带输出显示),数字万用表。

电子束实验仪主要由示波管组件和电源控制箱两大部分组成,如图 22-1 所示。示波管

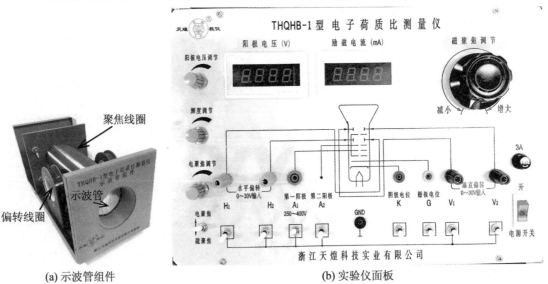

图 22-1 电子束实验仪

组件由示波管、磁偏转线圈(亥姆赫兹线圈)、磁聚焦螺线管线圈等组成,示波管组件由有机玻璃封装而成,学生可清晰、定性地了解各个部分的结构组成,而无高压触电的危险;电源控制箱提供示波管灯丝所需的 6.3 V 电源、加速阳极电压(带 3 位半数字显示)、聚焦阳极电压、栅极负压和螺线管励磁电流等。通过切换面板上相应开关可方便实现各个实验项目的切换。

1.示波管结构

示波管各电极结构与分布如图 22-2 所示。

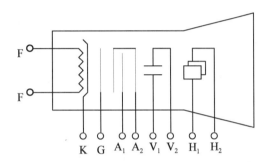

图 22-2 示波管各电极结构与分布

各部件的作用如下。

灯丝 F:加热阴极,加 6.3 V 电压。

阴极 K:表面涂有稀土金属氧化物,被加热后能向外发射自由电子,也称发射极。

栅极 G:施加适当电压可控制电子束电流强度,也称控制栅,栅负压通常在 $-35\sim-45$ V 之间。

第二阳极 A_2:圆筒结构,施加的电压形成一纵向高压电场,使加速电子向荧光屏运动,也称加速极,加速电压通常为 1 000 V 以上。

第一阳极 A_1:为一圆盘结构,介于第二阳极的圆筒和圆盘之间,与第二阳极配合,作用相当于电子透镜,施加适当电压能使电子束恰好在荧光屏上聚焦,因此也称聚焦极,通常加数百伏正向电压。

垂直偏转极板:V_1 和 V_2 为处于示波管中一上一下的两块金属板,在极板上施加适当电压后构成垂直方向的电场。

水平偏转极板:H_1 和 H_2 为处于示波管中一前一后的两块金属板,在极板上施加适当电压后构成水平方向的电场。

面板上的相应开关对应调节示波管的相应电极。

2.安全注意事项

(1)将实验仪面板上 H_1、H_2 对应的开关均置于上方的情况下,水平偏转板 H_2 和地 G 之间存在阳极高压,在水平偏转极板 H_1 和 H_2 之间接通 0~30 V 直流偏转电压时,千万不

要把两手接触到 H_2 和地 GND 之间,以免电击危险。

(2)在将实验仪面板上 V_1、V_2 对应的开关均置于上方的情况下,垂直偏转板 V_1 和地 G 之间存在阳极高压,在垂直偏转极板 V_1 和 V_2 之间接通 $0\sim30$ V 直流偏转电压时,千万不要把两手接触到 V_1 和地 GND 之间,以免电击危险。

(3)避免长时间施加励磁电流,当励磁电流较大时,应及时记录聚焦电流值,以免亥姆霍兹线圈过热而烧坏。

(4)示波管辉度调节适中,以免影响荧光屏的使用寿命。

【实验原理】

1. 电偏转原理(电子的加速和偏转)

电子束电偏转原理如图 22-3 所示。我们把电子看成带有单位负电荷的经典粒子,在电场中要受到电场力的作用发生偏转。我们选取直角坐标系来研究电子的运动。

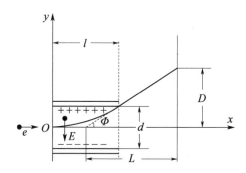

图 22-3 电子束电偏转原理

电子束经过电场加速、偏转和匀速直线运动后,电子打在屏上的距离为 D,则

$$D = K_e \frac{V}{V_A} \tag{22-1}$$

式中,V 为偏转电压;V_A 为加速电压;K_e 是一个与示波管结构有关的常数,称为电偏转常数。$K_e = \frac{Ll}{2d}$,其中 L 为偏转板中心与屏的距离,l 为偏转板长度,d 为偏转板两板之间距离。

为了反映电偏转的灵敏程度,定义

$$\delta_{电} = \frac{D}{V} = \frac{K_e}{V_A} \tag{22-2}$$

式中,$\delta_{电}$ 称为电偏转灵敏度,单位为 mm/V。$\delta_{电}$ 越大,电偏转的灵敏度越高。

从式(22-2)中可知,因 K_e 为常数,则电偏转灵敏度 $\delta_{电}$ 与加速电压 V_A 成反比(V_A 大,电子动量大,速度快,经过偏转时间 t 短,偏转量小)。

则

$$D = \delta_{电} V \tag{22-3}$$

从式(22-3)中可知,V 越大,偏转距离 D 越大,当 V_A 为某定值时,D 与 V 的关系是线性关系。

在本实验仪中,电子束在加速电压(V_{A2})的作用下,向荧光屏方向运动,在聚焦电压(V_{A1})的作用下,在荧光屏上聚成一亮点。在水平方向的偏转电压的作用下,电子束向水平方向偏转。因此,在荧光屏上,光点的移动距离与 H_1、H_2 之间的水平偏转电压成正比,与加速电场成反比。H_1、H_2 之间单位电压产生的位移为水平电偏转灵敏度。同理,在垂直方向(Y 方向)的垂直电压的作用下,电子束向垂直方向偏转。因此,在荧光屏上,光点的移动距离与 V_1、V_2 之间的偏转电压成正比,与加速电场成反比。V_1、V_2 之间单位电压产生的位移为垂直电偏转灵敏度。

2. 磁偏转原理

电子束磁偏转原理如图 22-4 所示。通常在示波管瓶颈的两侧加上一均匀横向磁场,假定在 l 范围内是均匀的,在其他范围都为零。当加速后的电子以速度 v 沿 x 方向垂直射入磁场时,将受到洛伦兹力作用,在均匀磁场 B 内作匀速圆周运动,电子穿出磁场后,则作匀速直线运动,最后打在荧光屏上。磁偏转的距离可以表示为

$$D = K_m I / \sqrt{V} \tag{22-4}$$

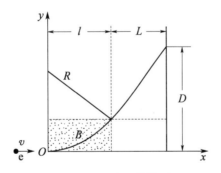

图 22-4 电子束磁偏转原理

式中,I 是偏转线圈的励磁电流,A;K_m 是一个与示波管结构有关的常数称为磁偏常数。为了反映磁偏转的灵敏程度,定义

$$\delta_磁 = D/I = K_m/\sqrt{V} \tag{22-5}$$

式中,$\delta_磁$ 称为磁偏转灵敏度,单位为 mm/A。$\delta_磁$ 越大,表示磁偏转系统灵敏度越高。

为实现磁偏转,示波管的两侧安装一对亥姆霍兹线圈。这一对亥姆霍兹线圈具有相同的参数,因此顺向串接后施加直流电流,具有顺向且大小相等的水平磁场。电子束在加速电压 V_{A2} 的作用下,在荧光屏方向运动,在聚焦电压(V_{A1})的作用下,在荧光屏上聚成一亮点,在水平方向磁场作用下,按照右手螺旋法则,电子束将向垂直方向移动,单位磁偏转电流所产生的位移为磁偏转灵敏度。

3. 截止栅偏压原理

示波管的电子束流通常是通过调节负栅压 V_{GK} 来控制的,调节 V_{GK} 即调节"辉度调节"电位器,可调节荧光屏上光点的辉度。U_{GK} 是一个负电压,通常在 $-35 \sim -45$ V 之间,负栅压越大,电子束电流越小,光点的辉度越暗。使电子束流截止的负栅压 V_{GK0} 称为截止栅偏压。

【实验步骤】

1. 准备工作

(1)用专用电缆线连接电子束实验仪和示波管支架上的两个插座。

(2)将实验箱面板上的"电聚焦/磁聚焦"选择开关置于"电聚焦"。

(3)将与第一阳极对应的开关(A_1)置于上方(实验过程中本开关一直置于上方),其余的开关均置于下方。

(4)将实验仪后面的励磁电流开关置于"关"。

(5)将"磁聚焦调节"旋钮左旋至最小位置。

(6)为减小地磁场对实验的影响,实验时尽量将示波管组件东西方向放置,即螺线管线圈在东西方向上。

(7)开启电源开关,调节"阳极电压调节"电位器,使"阳极电压"数显表显示为 800 V,适当调节"辉度调节"电位器,此时示波器上出现光斑,使光斑亮度适中,然后调节"电聚焦调节"电位器,使光斑聚焦,成一小圆点状光点。

2. 电偏转灵敏度的测定

(1)令"阳极电压"显示为 800 V,在光斑聚焦的状态下,将 H_1 对应的开关单独置于上方,此时荧光屏上会出现一条由光点出发的水平射线,方向向左;将 H_2 对应的开关单独置于上方,此时荧光屏上会出现一条由光点出发的水平射线,方向向右。将 H_1、H_2 对应的开关均置于上方,此时荧光屏上会出现一条水平亮线,这是因为水平偏转极板上感应有频率为 50 Hz 的交流电压。测量时在水平偏转极板 H_1 和 H_2 之间接通 $0 \sim 30$ V 直流偏转电压,H_1 接正极,H_2 接负极,由小到大调节直流电压输出,应能看到光点向右偏转,分别记录电压为 5 V、10 V、15 V、20 V、25 V 时光点位置偏移量(从 0 V 到各个相应电压时光点移动的距离,下同),然后改变偏转电压的极性,重复上述步骤,列表记录数据。

(2)将 H_1、H_2 对应的开关均置于下方。将 V_1 对应的开关单独置于上方,此时荧光屏上会出现一条由光点出发的垂直射线,方向向上;将 V_2 对应的开关单独置于上方,此时荧光屏上会出现一条由光点出发的竖直射线,方向向下。将 V_1、V_2 对应的开关均置于上方,此时荧光屏上会出现一条竖直亮线,这是因为竖直偏转极板上感应有频率为 50 Hz 的交流电压。测量时在竖直偏转极板 V_1 和 V_2 之间依次接通 5 V、10 V、15 V、20 V、25 V 直流偏转电压,分别记录光点位置偏移量,然后改变偏转电压的极性,重复上述步骤,列表记录数据,见表22-1。

表22-1 电偏转灵敏度的测量

	"阳极电压"数显表显示为_____V									
水平偏转X	偏移方向	自屏中心向左					自屏中心向右			
	偏转电压 V(V)	5	10	15	20	25	5	10	15	20	25
	偏移量 D(mm)										
	偏转灵敏度 $\delta_{电}$(mm/V)										
	偏转灵敏度平均值 $\bar{\delta}_{电}$(mm/V)										
竖直偏转Y	偏移方向	自屏中心向上					自屏中心向下			
	偏转电压 V(V)	5	10	15	20	25	5	10	15	20	25
	偏移量 D(mm)										
	偏转灵敏度 $\delta_{电}$(mm/V)										
	偏转灵敏度平均值 $\bar{\delta}_{电}$(mm/V)										

(3) 将"阳极电压"分别调至900 V、1 000 V和1 100 V,按实验步骤1的方法使光斑重新聚焦后,按实验步骤2中(1)、(2)的方法重复以上测量,列表记录数据。

(4) 计算不同阳极电压下的水平电偏转灵敏度和垂直电偏转灵敏度。

3. 磁偏转灵敏度的测定

(1) 准备工作与"电偏转灵敏度的测定"完全相同。不同电压下的励磁电流由电压源数显表示数直接读出。

(2) 令"阳极电压"数显表显示为800 V,在光斑聚焦的状态下,接通亥姆霍兹线圈(磁偏转线圈)的励磁电压(0~10 V),分别记录电压为2 V、4 V、6 V、8 V、10 V时荧光屏上光点位置偏移量,然后改变励磁电压的极性,重复以上步骤,列表记录数据,见表22-2。

表22-2 磁偏转灵敏度的测量

	"阳极电压"数显表显示为_____V									
偏转方向	自屏中心向上					自屏中心向下				
励磁电压 V(V)	2	4	6	8	10	2	4	6	8	10
励磁电流 I(mm)										
偏移量 D(mm)										
磁偏转灵敏度 $\delta_{磁}$(mm/mA)										
偏转灵敏度平均值 $\bar{\delta}_{磁}$(mm/mA)										

(3)调节"阳极电压调节"电位器,使阳极电压分别为 900 V、1000 V 和 1100 V,重复实验步骤(2),列表记录数据。

(4)计算不同阳极电压下的磁偏转灵敏度。

4. 截止栅偏压的测定

(1)准备工作与"电偏转灵敏度的测定"完全相同,但为了测量阴极和栅极之间的电压 V_{GK},需将与阴极 K 和栅极 G 相对应的开关均置于上方。

(2)令"阳极电压"数显表显示为 800 V,在光斑聚焦的状态下,用数字万用表直流电压挡测量栅极与阴极之间的电压 V_{GK},V_{GK} 为负值,调节"辉度调节"电位器,记录荧光屏上光点刚消失时的 V_{GK} 值。

(3)调节"阳极电压调节"电位器,使阳极电压分别为 900 V、1000 V 和 1100 V,重复实验步骤(2),记录相应的 V_{GK} 值。

【思考题】

(1)电偏转、磁偏转的灵敏度是怎样定义的?它与哪些参数有关?

(2)在不同阳极电压下,为什么偏转灵敏度会不同?

(3)何谓截止栅偏压?

【实验报告要求】

(1)计算不同阳极电压下的水平电偏转灵敏度和垂直电偏转灵敏度。

(2)试分析电偏转灵敏度与哪些实验参数有关。

(3)试分析在同等偏置条件下,为什么垂直电偏转灵敏度会大于水平电偏转灵敏度。

(4)计算不同阳极电压下的磁偏转灵敏度。

(5)试分析磁偏转灵敏度与哪些实验参数有关。

(6)试分析栅压为什么必须是负电压,截止栅偏压与第二阳极电压 V_{A2} 有何关系。

实验二十三　电子射线的电磁聚焦及电子荷质比的测定

示波器的示波管,电视机、摄像机里显示图像的显像管、摄像管都属于电子束管,它们都有产生电子束的系统和电子加速系统,为了使电子束在荧光屏上清晰地成像,还要设聚焦、偏转和强度控制系统。本实验利用电极形成的静电场或用电流形成的恒磁场来实现对电子束的聚焦,前者称为电聚焦,后者称为磁聚焦。

【实验目的】

(1)掌握带电粒子在电场和磁场中的运动规律,学习电聚焦和磁聚焦的基本原理和实验方法。

(2)掌握利用磁聚焦法测定电子荷质比的基本方法。

【实验器材】

电子束实验仪,示波管组件,数字万用表。

【实验原理】

1. 电聚焦原理

电子束电聚焦原理如图 23-1 所示。在示波管中,由于栅极电位与第一阳极电位不等,在它们之间的空间便产生电场,这个电场的曲度像一面透镜称为电子透镜,它使由阴极表面不同点发出的电子在栅极前方汇聚,形成一个电子聚焦点。电子在阳极电压的加速下奔向荧光屏,这里有两个阳极,它们的形状和电位差构成了另一个大的电子透镜。

电子束能否聚焦在荧光屏上,仅取决于第一阳极电压 V_{A1} 和第二阳极电压 V_{A2} 之间的比值 F。改变第一阳极和第二阳极的电位差,选择合适的 V_{A1} 与 V_{A2} 及其比值,就可以使电子束的成像点落在示波管的荧光屏上。

2. 磁聚焦原理

设一电子速度为 v,在一磁感应强度为 B 的均匀磁场中运动,将 v 分解成与 B 平行的分量 v_p 和与 B 垂直的分量 v_n,电子沿着 B 的方向运动时不受力,故沿 B 的方向作匀速直线运动。电子在垂直于 B 的方向运动时将受到洛伦兹力的作用,使电子在垂直于 B 的平面内作匀速圆周运动。

考虑由同一点发出的一束电子,假设各个电子的速度在垂直于 B 的平面上的分量 v_h 各

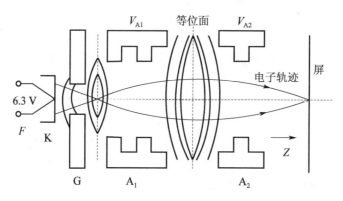

图 23-1 电子束电聚焦原理

不相同,而各电子的速度在 B 的方向上的分量 v_p 彼此相等,则电子作圆周运动的半径不同,但是电子旋转一周所需的时间 T(周期)相同。每个电子在沿 B 方向运动时经过一个螺距 h 后电子又重聚于一点,这种现象称为磁场聚焦作用。图 23-2 表示一束 v_p 相同,v_h 在一定范围内变化的电子在磁场作用下运动轨迹图。螺距 h 可以表示为:

$$h = Tv_p = \frac{2\pi m}{eB} v_p$$

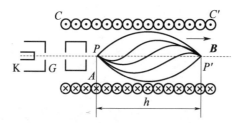

图 23-2 电子束在聚焦磁场中的螺旋轨迹

在电子束实验仪中,示波管的轴线方向有一均匀分布的磁场,在阴极 K 和阳极 A_2 之间加上一定的电压 V,将会使阴极发射的电子加速,设阴极发射出来的电子在脱离阴极时,沿磁感应强度为 B 的磁场运动的初速度为零,经磁聚焦系统后,螺距 h 为

$$h = \frac{2\pi m}{eB} \times \sqrt{\frac{2eV}{m}} \tag{23-1}$$

从式(23-1)可以看出,h 是 B 和 V 的函数,调节 V 和 B 的大小,可以使电子束在磁场方向上的任意位置聚焦。当 h 刚好等于示波管的第二阳极到荧光屏之间的距离 d 时,可以看到电子束在荧光屏上聚成一小亮点(电子束已聚焦),当 B 值增加到 2～3 倍时,会使 $h = \frac{1}{2}d$ 或 $h = \frac{1}{3}d$,相应地可在荧光屏上看到第二次聚焦、第三次聚焦,当 h 不等于这些值时,只能看到圆圈的光斑,电子束不会聚焦,将式(23-1)适当变换,可得出:

$$\frac{e}{m} = \frac{8\pi^2 V}{h^2 B^2} \tag{23-2}$$

式中,B 是螺线管中部磁场的平均值,可通过测量励磁电流 I 计算出来。对于有限长的螺线管,根据毕奥-萨伐尔定律,B 的值为

$$B = 4\pi \times 10^{-7} n_0 I \times \frac{L}{\sqrt{L^2 + D^2}} \tag{23-3}$$

由式(23-2)和式(23-3),可得

$$\frac{e}{m} = \frac{V}{2h^2 n_0^2 I^2} \left(\frac{L^2 + D^2}{L^2} \right) \times 10^{14} \, (\text{C/kg}) \tag{23-4}$$

式中,D 为螺线管直径;L 为螺线管长度;n_0 为螺线管单位长度的线圈匝数;h 为螺距,在第一次聚焦的情况下 $h=d$,d 为示波管中加速阳极到屏的距离,是管子的固定参数,I 为螺线管流过的直流电流,式中各量采用国际单位制。

【实验步骤】

1. 准备工作

(1) 用专用电缆线连接电子束实验仪和示波管支架上的两个插座。

(2) 将"磁聚焦调节"旋钮旋至最小位置。

(3) 为减小地磁场对实验的影响,实验时尽量将示波管组件东西方向放置,即螺线管线圈在东西方向上。

2. 电聚焦特性的测定

(1) 将实验箱面板上的"电聚焦/磁聚焦"选择开关置于"电聚焦",将第一阳极对应的开关置于上方,其他电极(7 个)对应的开关均置于下方,将实验仪后面的励磁电流开关置于"关"。

(2) 调"阳极电压"旋钮,令"阳极电压"指示为 800 V,使光斑在聚焦的状态下,用数字万用表直流电压高量程挡测 A_1 点和地之间的电压 V_{A1} 的值,并记下此时 V_{A1} 和阳极电压 V_{A2} 的值。使 $V_{A2}=800$ V,让聚焦良好。

(3) 分别调节"阳极电压"至 900 V、1 000 V 和 1 100 V,并使光斑聚焦,分别记下同一"阳极电压"下的 V_{A1} 和 V_{A2} 值。并记录如表 23-1 所示。

表 23-1　电聚焦特性

第二阳极电压 V_{A2}(V)	第一阳极电压 V_{A1}(V)	V_{A1}/V_{A2}

(4) 计算三个不同"阳极电压"下的 V_{A1}/V_{A2} 值,并作示波管的电聚焦特性曲线(横轴为 V_{A2},纵轴为 V_{A1} 的 $V_{A1}-V_{A2}$ 曲线)。

5) 试分析阴极射线管的电聚焦特性曲线为什么会是一条直线。

3. 磁聚焦现象的观察

(1) 将实验箱面板上的"电聚焦/磁聚焦"选择开关置于"磁聚焦",将其他开关均置于下方,将实验仪后面的励磁电流开关置于"开",将示波管后面的"励磁电流切换"开关打到"正向"。

(2) 调节"阳极电压调节"电位器使"阳极电压"数显表显示为 800 V,"辉度调节"电位器使辉度适中,此时可观察到荧光屏上未被聚焦的光斑。

(3) 缓缓调节"磁聚焦调节"旋钮,可观察到电子束在纵向磁场的作用下,旋转式聚焦的现象,本实验仪至少可看到两次聚焦。

(4) 将示波管后面的"励磁电流切换"开关打到"反向",改变励磁电流的方向,重复实验步骤 3)。

(5) 分别调节"阳极电压"至 900 V、1 000 V 和 1 100 V,重复实验步骤 (2)、(3)、(4)。

4. 电子荷质比的测定

(1) 准备工作与磁聚焦现象的观察完全相同。

(2) 开启电源开关,调节"阳极电压调节"电位器,使"阳极电压"数显表指示为 800 V,适当调节"辉度调节"电位器,此时,示波管荧光屏上出现未被聚焦的光斑。然后调节"磁聚焦调节"旋钮,可观察到矩形光斑边旋转边聚焦的现象,分别记录使电子束第一次聚焦,第二次聚焦的电流值 I_1、I_2(由仪表盘直接读出)。由于第二次聚焦时磁场为第一次聚焦时的两倍,此时的励磁电流 I_2 也是第一次聚焦时的励磁电流 I_1 的两倍,因此聚焦时励磁电流 $I=\dfrac{I_1+I_2}{1+2}$。

(3) 将示波管后面的"励磁电流切换"开关打到"反向",改变励磁电流的方向,重复实验步骤 2)。

(4) 改变阳极电压至 900 V、1 000 V 和 1 100 V,重复实验步骤 (2)、(3)。

(5) 将相关数据填入表 23-2,并将荷质比的计算值和标称值 $e/m=1.757\times 10^{11}$ C/kg 进行比较,计算误差。

需要说明,因普通示波器聚焦均采用电聚焦,极少使用磁聚焦,故普通示波管在磁聚焦项目上不作具体要求。使用本电子束实验仪做"电子荷质比的测定"实验时,当阳极电压为 800 V 时,"辉度调节"电位器调到最大,使光斑辉度最亮,有可能看到第三次磁聚焦,此时相应记录电流值 I_1、I_2、I_3,在表 23-2 中,将公式 $I=(I_1+I_2)/3$ 改为 $I=(I_1+I_2+I_3)/6$,计算可得同样的结果。

表 23-2 荷质比测量实验数据表

$d = 180 \text{ mm} = 1.8 \times 10^{-1} \text{ m} \quad D = 84 \text{ mm} = 8.4 \times 10^{-2} \text{ m} \quad L = 245 \text{ mm} = 2.45 \times 10^{-1} \text{ m}$

$n_0 = \dfrac{1}{2.9 \times 10^{-4}} \times 3 \quad \dfrac{e}{m} = \dfrac{V}{2h^2 n_0^2 I^2} \left(\dfrac{L^2 + D^2}{L^2} \right) \times 10^{14} \text{ (C/kg)} \quad (\text{注}: d = h)$

阳极电压 $V(V)$	励磁电流(mA)		$I = \dfrac{1}{3}(I_1 + I_2)$	$\dfrac{e}{m} = \dfrac{V}{2h^2 n_0^2 I^2} \left(\dfrac{L^2 + D^2}{L^2} \right) \times 10^{14}$ (C/kg)	误差
	I_1	I_2			
	正				
	反				
	正				
	反				
	正				
	反				
	正				
	反				

注:误差是指测量值与标称值 $e/m = 1.757 \times 10^{11}$ C/kg 相比较之误差。

【注意事项】

(1)本仪器内示波管电路和励磁电路均存在高压,在仪器插上电源线后,切勿触及印刷板、示波器管座、亥姆霍兹线圈的金属部分,以免电击危险。

(2)避免长时间施加励磁电流,当励磁电流较大时,及时记录聚焦电流值,以免亥姆霍兹线圈过热而烧坏。

(3)示波管辉度调节适中,以免影响荧光屏的使用寿命。

【思考题】

(1)电聚焦与磁聚集的原理是什么?两者光斑收缩的情况是否相同?

(2)在聚焦实验中,为什么反向聚焦时光点较暗?

(3)在磁聚集实验中,当螺线管中电流 I 逐渐增加,电子射线从一次聚焦到两次、三次聚集,荧光屏的亮暗如何变化?试解释。

(4)你认为产生误差的因素有哪些?如何减小测量误差?

实验二十四　用位置传感器测量玻璃的折射率

折射率是反映物质光学性质的重要参数之一,无论是在实验学习当中或是在科研和生产当中,测量物质对光的折射率都有十分重要的意义。本实验是利用位置传感器测定玻璃的折射率。

【实验目的】

(1)了解位置传感器的工作原理。
(2)学习并掌握利用位置传感器测量玻璃折射率的方法。

【实验器材】

介质折射率测试仪 1 台;测定实验仪 1 套,包括半导体激光器、载物光学转台、位置传感器、光学导轨、滑块、刻度尺;激光器电源线 1 根,待测玻璃 1 块。

【实验原理】

1. 折射率

当入射光从折射率为 n_1 的介质射入折射率为 n_2 的介质时,在交界面处发生折射;根据折射定律知识可知:

$$\frac{n_2}{n_1} = \frac{\sin i}{\sin r} \tag{24-1}$$

式中,i 为入射角;r 为折射角;如图 24-1 所示,O_1O_2 为两种介质交界面的法线。

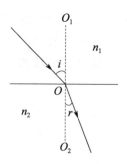

图 24-1　光的折射定律原理图

真空（或空气）中，光的折射率 $n_1 \approx 1$；当光从真空（或空气）中入射玻璃时，其折射率为

$$n = n_2 = \frac{\sin i}{\sin r} \tag{24-2}$$

2. 位置传感器简介

位置传感器是一种对入射光位置非常敏感的光电器件。当入射光的光斑中心落在光学感光面上的不同位置时，位置传感器将对应输出不同的电信号；通过对输出的电信号进行处理，可获知入射光的光斑中心在位置传感器光学感光面上的位置。

3. 利用位置传感器测量玻璃的折射率

把玻璃的一侧光学面中心放置于载物光学平台的中心 O 点上。当载物光学平台旋转时，要始终确保光是从点 O 入射；同时应保持玻璃的光学面与位置传感器的光学感光面平行。当光垂直入射时，位置传感器的中心位置点 O' 感光；当光以入射角 i 入射时，经过玻璃光学面的两次折射后打在位置 X_1；撤去玻璃后，光直接射到传感器的位置为 X_2，位置偏移量为 $X = |X_2 - X_1|$。

由图 24-2 所示的几何关系可得

$$\sin i = \frac{X_2}{\sqrt{X_2^2 + L^2}}, \quad \sin r = \frac{AB}{\sqrt{AB^2 + d^2}} \tag{24-3}$$

$$AB = AC - BC = AC - X \tag{24-4}$$

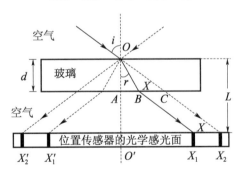

图 24-2 利用位置传感器测量玻璃的折射率原理图

由三角形相似关系可得

$$\frac{AC}{X_2} = \frac{d}{L} \tag{24-5}$$

即有

$$AC = \frac{X_2 d}{L} \tag{24-6}$$

则

$$AB = AC - X = \frac{X_2 d}{L} - X \tag{24-7}$$

那么

$$\sin r = \frac{\frac{X_2 d}{L} - X}{\sqrt{\left(\frac{X_2 d}{L} - X\right)^2 + d^2}} = \frac{X_2 d - LX}{\sqrt{(X_2 d - LX)^2 + d^2 L^2}} \tag{24-8}$$

根据式(24-2)可得

$$n = \frac{\sin i}{\sin r} = \frac{\frac{X_2}{\sqrt{X_2^2 + L^2}}}{\frac{X_2 d - LX}{\sqrt{(X_2 d - LX)^2 + d^2 L^2}}} = \frac{X_2 \sqrt{(X_2 d - LX)^2 + d^2 L^2}}{(X_2 d - LX)\sqrt{X_2^2 + L^2}} \quad (24\text{-}9)$$

式中,d 为玻璃厚度;L 为载物光学转台中心到位置传感器的距离($L = 28.00$ mm)。

【实验内容与步骤】

(1)调节半导体激光器的调架,使激光光束与光学导轨平行。

(2)测量玻璃的折射率。

①调节半导体激光器,使激光光束从位置传感器小狭缝的中心处入射;调节测试仪面板的"调零"电位器,使测试仪的"相对位置"显示为"0.00",即有 $X = 0.00$ mm。记下此时载物光学转台角度盘的初始角度 θ_0。

②在角度 θ_0 的基础上,将载物光学转台角度盘沿顺时针方向转过角度 θ_1,即角度盘的角度为 $\theta_0 - \theta_1$,记下测试仪面板"相对位置"的数值 X_2;放上玻璃,保持玻璃的光学面与位置传感器平行,再次记下测试仪面板"相对位置"的数值 X_1。

③为了尽可能地减小实验系统误差,我们在角度 θ_0 的基础上,进一步把载物光学转台角度盘沿逆时针方向转过角度 θ_1,即角度盘的角度为 $\theta_0 + \theta_1$,记下测试仪面板"相对位置"的数值 X_2';放上玻璃,保持玻璃的光学面与位置传感器平行,再次记下测试仪面板"相对位置"的数值 X_1'。

④重复步骤①、②、③的操作,多次测量求平均值。

【数据记录与处理】

记下玻璃砖的厚度,如:$d = 10.00$ mm,$L = 28$ mm,旋转角度 θ_1,将测得的位置数填入表24-1 中。

表 24-1 传感器显示的位置   单位:mm

次数	顺时针转过角度 θ_1		逆时针转过角度 θ_1		$\overline{X_1} = \frac{|X_1 - X_1'|}{2}$	$\overline{X_2} = \frac{|X_2 - X_2'|}{2}$	$\overline{X} = |\overline{X_2} - \overline{X_1}|$
	X_2	X_1	X_2'	X_1'			
1							
2							
3							

结合表 24-1 中的数据,将 d、L、$\overline{X}$ 和 $\overline{X_2}$ 代入式(24-9)中即可算出玻璃对激光的折射率 n。

【注意事项】

(1) 激光器的输出光束不得对准人眼,以免造成伤害。

(2) 激光器为静电敏感元件,因此操作者不要用手直接接触激光器引脚以及与引脚连接的任何测试点和线路,以免损坏激光器。

(3) 玻璃为易碎品,应轻拿轻放,不能用手触摸光学透光面。

【思考题】

(1) 如何确保调整激光光束与光学导轨平行?

(2) 若操作过程中发现"调零"旋钮调不到零,应该怎样处理?

【仪器简介】

1. 主要技术参数

半导体激光器:波长 650 nm,功率 2 mW,专用半导体激光器电源(输入 220 V,输出直流 3 V)。

光学转台:可放置光学器件和待测样品,可 360°旋转,精度 1°。

位置传感器:测量范围 20 mm。

2. 仪器的构成(见图 24-3)

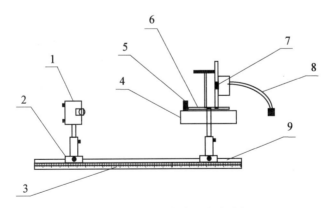

图 24-3 介质折射率测定实验仪

1—半导体激光器(波长 $\lambda=650$ nm);2—滑块;3—刻度尺;

4—载物光学平台;5—角度调节螺母;6—角度刻度盘;

7—位置传感器(小狭缝);8—专用信号线;9—光学导轨

实验二十五　劈尖干涉的应用

【实验目的】

(1)通过实验加深对等厚干涉原理的理解。
(2)掌握用劈尖干涉测定细丝直径(或薄片厚度)的方法。

【实验器材】

读数显微镜,钠光灯,劈尖装置和细丝(或薄片)等。

【实验原理】

把两片很平的玻璃上下叠合,其中一端放一薄片,则两玻璃片之间就形成一楔形空气层,如图 25-1 所示,其中 θ 为劈尖角,在垂直的单色光照明下,见到间隔相等的等厚干涉直条纹。

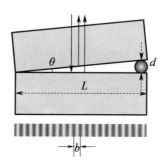

图 25-1　劈尖干涉图样

当光垂直入射时,膜厚 e 处的光程差为

$$\Delta = 2ne + \frac{\lambda}{2}$$

$$\Delta = \begin{cases} k\lambda, & k=1,2,\cdots \text{明纹} \\ (2k+1)\frac{\lambda}{2}, & k=0,1,\cdots \text{暗纹} \end{cases}$$

显然,相邻条纹间的膜厚相差半个波长。
设玻璃片的长度为 L,细丝的直径为 d,则夹角 $\theta \approx d/L$,相邻条纹的宽度 b 为 $b = \lambda L/(2d)$。

单位长度下的条纹数目 N 就是 $N=2d/\lambda$，长为 l 的区间内的条纹数量就是 $2dl/\lambda$。

以上各式中，d 为细丝直径；b 为条纹间距，即相邻两条纹之间的距离；n 为空气的折射率（$n\approx 1$）；λ 为单色光波长；N 为单位长度内明或暗条纹的数量；L 为玻璃片左端至右端的距离，可由读数显微镜测取。

【实验内容】

(1) 打开电源和钠灯光源；

(2) 调节读数显微镜的手轮，使其左右两端留有足够自由移动的距离，使其 45 ℃ 半反射镜对准钠光灯；

(3) 取一根细丝，将细丝夹入劈尖内（注意细丝要拉直不可弯曲），固定好；

(4) 将固定好细丝的劈尖放入读数显微镜的载物平台上，对准钠光灯，调节读数显微镜直到看见清楚的干涉条纹；

(5) 测量间隔 20 个暗条纹的长度 l，分别记录对应数据 l'、l''（$l=l'-l''$）；

(6) 重复上述过程，得到不同的几组数据；

(7) 计算单位长度内明或暗条纹的数量 $N=\dfrac{20}{l}$；

(8) 依据公式 $d=NL\dfrac{\lambda_n}{2}$，计算细丝的直径；

(9) 实验结束后，整理好实验器材。

【实验数据记录】

实验数据记录见表 25-1 和表 25-2。

钠光灯黄光波长：$\lambda=589.3$ nm

表 25-1　计算 N 实验数据表格

读数显微镜纵向测量精度：0.005 mm

条纹数	20	20	20	20	20	20
l'(mm)						
l''(mm)						
l(mm)						

得到 $N=$

表 25-2　测量 L 记录表格

次数	1	2	3	4	5	6	平均
L(mm)							

计算细丝的直径：$d = NL\dfrac{\lambda_n}{2}$。

【思考题】

(1) 在本实验中，如何能够减小实验误差？

(2) 如何能较准确地测量玻璃片的长度 L？

实验二十六 利用分光计测量三棱镜的顶角

【实验目的】

(1)进一步掌握分光仪的调节和使用方法。
(2)学会用分光计测量三棱镜的顶角。

【实验器材】

JYY-1 型分光计,平面反射镜,三棱镜,汞灯。

【实验原理】

三棱镜由两个光学面 AB 和 AC 及一个毛玻璃面 BC 构成。三棱镜的顶角是指 AB 与 AC 的夹角 α,如图 26-1 所示。自准直法就是用自准直望远镜光轴与 AB 面垂直,使三棱镜 AB 面反射回来的小十字像位于双十字叉丝中央,由分光仪的刻度盘和游标盘读出这时望远镜光轴相对于某一个方向的角位置 θ_1;再把望远镜转到与三棱镜的 AC 面垂直,由分光仪刻度盘和游标盘读出这时望远镜光轴的方位角 θ_2,于是望远镜光轴转过的角度为 $\varphi=\theta_2-\theta_1$,三棱镜顶角为 $\alpha=180°-\varphi$。

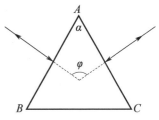

图 26-1 测三棱镜的顶角

由于分光仪结构和使用的原因,主轴可能不在刻度盘的圆心上,可能略偏离刻度盘圆心。因此,望远镜绕过的真实角度与刻度盘上反映出来的角度有偏差,这种误差叫偏心差,是一种系统误差。为了消除这种系统误差,分光仪刻度盘上设置了相隔 180°的两个读数游标(左、右读数游标),而望远镜的方位 θ 由两个读数窗口读数的平均值来决定,而不是由一个窗口来读出,即

$$\theta_1=\frac{(\varphi_1+\varphi_1')}{2}, \theta_2=\frac{(\varphi_2+\varphi_2')}{2}$$

这里的 φ_1、φ_2 为左游标读数,φ_1'、φ_2' 为右游标读数。

于是,望远镜光轴转过的角度应该为

$$\varphi=\theta_2-\theta_1=\frac{|\varphi_2-\varphi_1|+|\varphi_2'-\varphi_1'|}{2}$$

$$\alpha=180°-\varphi$$

【实验内容】

(1) 调节分光计。按实验十一的要求调节分光计。

(2) 将三棱镜放在载物台中央,为了便于调节,三棱镜的三个边应分别与载物台调平螺钉的连线垂直。转动载物台,当三棱镜的一个光学面如 AB 面正对望远镜时,调整螺钉 B_1,使亮十字像正好在双十字叉丝的上十字的位置。然后将另一个光学面 AC 正对望远镜,调节螺钉 B_2,使亮十字像也正好在双十字叉丝的上十字的位置。反复几次,即达到三棱镜的光学面与分光计转轴平行。

(3) 把游标盘调到合适位置,目的是防止测量过程中平行光管和望远镜挡住读数游标,造成不能读数。锁紧游标盘锁紧螺钉和载物台锁紧螺钉,以固定载物台和三棱镜的位置。把望远镜对准光学面 AB 后,应锁紧刻度盘与望远镜连接螺钉,这样望远镜与刻度盘才能一起转动。

(4) 锁紧望远镜锁紧螺钉,一边旋转望远镜转角微调螺钉,一边在望远镜中观察,当亮十字像正好在双十字叉丝的上十字的位置时,分别记下左、右两个游标盘的读数 φ_1 和 φ_1'。

(5) 放松望远镜锁紧螺钉,转动望远镜,把望远镜对准光学面 AC,然后锁紧望远镜锁紧螺钉,微调望远镜转角微调螺钉,分别记下亮十字像正好在双十字叉丝的上十字的位置时左、右两个游标盘读数 φ_2 和 φ_2'。由前述可知,利用公式即可得出三棱镜的顶角 α。

(6) 重复测 5 次,将结果填入数据记录表 26-1 中。

特别注意:计算望远镜转过的角度时,如果经过度盘的零点,应加上 360°后再做相减。例如,某次实验时 $\theta_1 \to \theta_2$ 是从 355°45′→0°→115°43′,那么转过的角度为

$$\varphi = \theta_2 - \theta_1 = (115°43' + 360°) - 355°45' = 119°58'$$

【数据记录】

表 26-1 测量三棱镜顶角数据记录表

次数	望远镜正对 AB 面		望远镜正对 AC 面		$\varphi = \frac{1}{2}[(\varphi_2 - \varphi_1) + (\varphi_2' - \varphi_1')]$	$\bar{\varphi}$
	左游标 φ_1	右游标 φ_1'	左游标 φ_2	右游标 φ_2'		
1						
2						
3						
4						
5						

【注意事项】

(1) 须在分光计的调节与使用实验之后再做本实验。
(2) 注意保护光学器件，特别是三棱镜，不要损坏玻璃制品。

【思考题】

(1) 若分光仪中刻度盘中心 O 与游标盘中心 O' 不重合，则游标盘转过 φ 时，由左、右游标读出的转角的角度 $\varphi_1 \neq \varphi_2 \neq \varphi$，但 $\varphi = \dfrac{1}{2}(\varphi_1 + \varphi_2)$，试证明。

实验二十七　最小偏向角法测三棱镜的折射率

光在传播过程中，在不同介质的交界面，会发生反射与折射现象。如果入射光是白光（复色光），出射光会形成彩色光谱线，这就是色散现象。分光计是一种精确测量入射光和折射光之间偏转角度的典型光学仪器，它的用途十分广泛。通过测量入射光和折射光的角度，可以测量物质的折射率，还可以分析折射率与光波波长的关系，研究色散现象。

【实验目的】

(1)进一步掌握分光仪的调节和使用方法。
(2)学会用最小偏向角法测定棱镜的折射率。

【实验器材】

JYY-1 型分光计，三棱镜，纳光灯。

【实验原理】

三棱镜由两个光学面 AB 和 AC 及一个毛玻璃面 BC 构成。如图 27-1 所示，一束单色光以 i_1 角入射到 AB 面上，经棱镜两次折射后，从 AC 面射出来，出射角为 i_4。入射光(的延长线)和出射光(的反向延长线)之间的夹角 δ 称为偏向角。当三棱镜的顶角 A 为定值时，偏向角 δ 的大小随入射角 i_1 的变化而变化。可以证明，当 $i_2 = i_3$ 时，偏向角最小，这时的偏向角称为最小偏向角，用 $\delta_{\min}$ 表示。

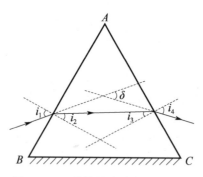

图 27-1　三棱镜最小偏向角光路图

当偏向角为最小偏向角时，有

$$i_2 = i_3 = \frac{A}{2}$$

$$i_1 = i_2 + \frac{\delta_{\min}}{2} = \frac{A}{2} + \frac{\delta_{\min}}{2}$$

由折射率的定义,我们可以得到

$$n = \frac{\sin\frac{A+\delta_{\min}}{2}}{\sin\frac{A}{2}}$$

用分光计测出棱镜的顶角 A 和最小偏向角 $\delta_{\min}$,由上式可求得棱镜的折射率 n。

需要说明的是,当入射光不是单色光时,各种波长的光的入射角都一样,但出射角并不相同,折射率也就不同。折射率是光波波长的函数,对于一般的透明材料,折射率随波长的减少而增大。折射率随波长而变化的现象称为色散。通常我们说某介质的折射率,是指介质对钠黄光的折射率。

【实验内容】

(1)调节分光计。按实验十一的要求调节分光计。

(2)在前面调好分光计的基础上,把三棱镜放在载物台上,测定棱镜对钠黄光($\lambda = 589.3$ nm)的最小偏向角 $\delta_{\min}$。

(3)观察光谱线。用钠光灯照亮平行光管狭缝,转动载物台使棱镜处在图 27-2 所示位置。先用眼睛沿棱镜出射光方向寻找棱镜折射后的狭缝像,找到后再将望远镜移到眼睛所在方位,此时在望远镜中就能看到钠光谱线。

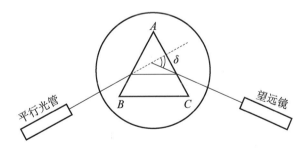

图 27-2 观察偏向角时三棱镜及望远镜放置大致位置示意图

(4)观察偏向角的变化。稍稍转动载物台,以改变入射角,观察钠光谱线往偏向角增大还是减小的方向移动。慢慢转动载物台,使钠光谱线朝偏向角减小的方向移动,并要转动望远镜跟踪钠谱线,直到载物台沿着原方向转动时,该谱线不再向前移动却反而向相反的方向移动(偏向角反而变大为止)。这个钠光谱线反向移动的转折位置就是棱镜对钠光谱线的最小偏向角位置。

(5)测量出射光的方位角 θ_1、θ_1'。

将望远镜中分划板十字叉丝的交点固定在这一最小偏向角位置上(用十字叉丝的竖线对准钠光谱线),用游标盘锁紧螺钉固定游标盘,并微调载物台,使棱镜作微小转动,准确找出钠光谱线反向移动的确切位置,再用载物台锁紧螺钉固定载物台。最后,转动望远镜,使分划板十字叉丝的竖线准确对准钠光谱线,分别记下左、右两个游标盘的读数 θ_1、θ_1'。

(6)测量入射光的方位角 θ_2、θ_2'。

移去三棱镜,转动望远镜,使之正对着平行光管的物镜,然后找到平行光管中狭缝的像。最后,缓慢转动望远镜使分划板十字叉丝的竖线准确对准平行光管的狭缝像,分别记下此时左、右两个游标盘的读数 θ_2、θ_2'。

(7)重复步骤(4)、(5)、(6),测量 5 次,数据记录表格见表 27-1。先计算每次测量的最小偏向角 $\delta_{\min}$,再计算 5 次测量的最小偏向角的平均值 $\overline{\delta_{\min}}$,由公式 $n=\dfrac{\sin\dfrac{A+\overline{\delta_{\min}}}{2}}{\sin\dfrac{A}{2}}$ 计算出三棱镜的折射率 n。

【数据记录】

表 27-1 测定最小偏向角数据记录表

	左游标读数		右游标读数		$\delta_{\min}=\dfrac{1}{2}[(\theta_2-\theta_1)+(\theta_2'-\theta_1')]$	$\overline{\delta_{\min}}$
	θ_1	θ_2	θ_1'	θ_2'		
1						
2						
3						
4						
5						

【注意事项】

(1)须在分光计的调节与使用实验之后再做本实验。
(2)注意保护光学器件,特别是三棱镜,不要损坏玻璃制品。

【思考题】

(1)何谓最小偏向角?实验中如何确定最小偏向角的位置?
(2)你能证明当 $i_2=i_3$ 时,偏向角最小吗?

实验二十八 衍射光栅测光波波长

衍射光栅由大量等宽、等间距、平行排列的狭缝构成。衍射光栅一般可以分为两类：用透射光工作的透射光栅和用反射光工作的反射光栅。根据多缝衍射的原理，复色光通过衍射光栅后会形成按波长顺序排列的谱线，称为光栅光谱，所以光栅和棱镜一样是一种重要的分光光学元件。光栅光谱既细又亮，广泛使用在精密的光谱分析仪器中。本次实验我们利用衍射光栅来测光波的波长。

【实验目的】

(1)进一步掌握分光仪的调节和使用方法。
(2)观察光线通过光栅后的衍射现象。
(3)学会用光栅测量光波波长及光栅常数的方法。

【实验器材】

JYY-1 型分光计,衍射光栅,汞灯。

【实验原理】

透射光栅是在光学玻璃上刻划大量的相互平行的等宽等间隔的刻痕（或不透光的竖线）而制成的。刻痕（或不透光的竖线）处，光透不过去，两刻痕（或不透光的竖线）之间光可以透射过去，这就相当于透光狭缝。因此，可以将光栅看成一系列相互平行的等距的狭缝，如图 28-1 所示。

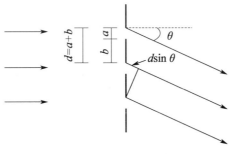

图 28-1 衍射光栅示意图

光栅上若透光狭缝宽度为 a，相邻狭缝间不透光部分的宽度为 b，$d=a+b$ 称为光栅常数。

若以单色平行光垂直照射在光栅面上,衍射后的光波经过透镜会聚后相互干涉,在焦平面上将形成分隔得较远的一条列对称分布明条纹。设有波长 λ 的平行光束垂直投射到光栅平面上时,光波将在每条狭缝处发生衍射,各缝的衍射光在经过透镜会聚后的叠加处又会产生干涉,干涉结果决定于光程差。因为光栅各狭缝间距相等,所以相邻狭缝衍射光束的光程差为 $\delta = d\sin\theta$,其中 θ 是衍射光束与光栅法线的夹角,称为衍射角。各衍射光在某点干涉加强,就形成明纹,这些明纹又称之为主极大。

按照光的干涉理论,衍射光谱中明纹的位置由下式决定:

$$d\sin\theta_k = \pm k\lambda \quad (k=0,1,2,\cdots)$$

其中,$d=a+b$ 称为光栅常数;λ 为入射光波长;k 为明条纹级数;θ_k 为第 k 级明纹对应的衍射角。上式称为光栅方程。

由光栅方程可知,$k=0$ 时,$\theta=0$,此时对应的是中央主极大,即中央为明纹。中央主极大两边对称排列着 ±1 级、±2 级、……各级主极大。实际使用光栅的狭缝数目很大,缝宽极小,所以当产生平行光的光源为细长的狭缝时,光栅的衍射图样将是平行排列的细锐亮线,这些亮线实际就是光源狭缝的衍射像。

若入射光为复色光时,由光栅方程可知,对给定常数 d 的光栅,只有在是 $k=0$,即 $\theta=0$ 的方向上,该复色光所包含的各种波长的中央主极大会重合,在透镜的焦平面上形成明亮的中央零级亮线。对 k 的其他值,各种波长的主极大都不重合,不同波长的细锐亮线出现在衍射角不同的方位,由此形成的光谱称为光栅光谱。级数 k 相同的各种波长的亮线在零级亮线的两边按波长从小到大的次序对称排列形成光谱,$k=\pm 1$ 为一级光谱,$k=\pm 2$ 为二级光谱……,各种波长的细锐亮线称为光谱线。如果已知光栅常数 d,明条纹级数 k,测定光谱线的衍射角 θ_k 就可以确定入射光光波的波长 λ。反之,如果已知光波波长 λ,明条纹级数 k,测定光谱线的衍射角 θ_k 就可以确定光栅常数 d。而衍射角 θ_k 可以通过分光计测定,这样就可以测定光波波长或者衍射光栅的光栅常数。

【实验内容】

1. 按实验十一的要求调节分光计

2. 调节光栅位置

(1) 调节光栅平面使其与平行光管和望远镜的光轴垂直。

先用汞灯照亮平行光管的狭缝,使望远镜目镜中的分划板上的中心垂线对准狭缝的像,然后固定望远镜。将装有光栅的光栅支架置于载物台上,使其一端对准调平螺钉 B_3,一端置于另两个调平螺钉 B_1、B_2 的中点,如图 28-2 所示,旋转游标盘并调节调平螺钉 B_1 或 B_2,当从光栅平面反射回来的"十"字像与分划板上方的十字线重合时,如图 28-3 所示,锁紧载物台,并固定游标盘。

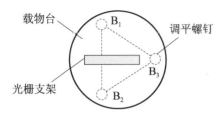

图 28-2　光栅支架的位置

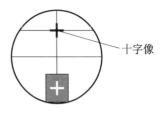

图 28-3　分划板十字像的位置

(2)调节光栅刻痕与转轴平行。

用汞灯照亮狭缝,松开望远镜紧固螺钉,转动望远镜可观察到 0 级光谱两侧的 ±1、±2 级衍射光谱,调节调平螺钉 B_3(注意:不得动 B_1、B_2),使两侧的光谱线的中点与分划板中央十字线的中心重合,即使两侧的光谱线等高。

重复步骤(1)、(2)的调节,直到两个条件均满足为止。

3. 观察光栅衍射现象

转动望远镜,观察衍射光谱的分布情况。先找到中央明纹,其他干涉级的干涉条纹是关于中央明纹对称。

4. 测量衍射光栅的光栅常数

利用汞灯一级光谱中的绿光谱线测定衍射光栅的光栅常数 d。已知汞灯光源中绿光波长为 $\lambda_绿 = 546.1$ nm,只要测量其一级谱线的衍射角 θ,即可由光栅方程计算出光栅常数 d,即

$$d = \frac{\lambda}{\sin \theta}$$

如图 28-4 所示,向左转动望远镜,将视场中十字叉丝竖线对准 $k = +1$ 级绿色光谱线,记录分光计读数盘对应的左、右游标读数 φ_1、φ_1';再向右转动望远镜,将十字叉丝竖线对准 $k = -1$ 级绿色光谱线,记录分光计读数盘对应的左、右游标读数 φ_{-1}、φ_{-1}',则衍射角 $\theta = \frac{1}{4}(|\varphi_1 - \varphi_{-1}| + |\varphi_1' - \varphi_{-1}'|)$。重复测量三次,将数据记录到绿光一级谱线的衍射角记录表中。

图 28-4　衍射角测量示意图

5. 测量黄光及紫光的波长

分别测量黄光及紫光的一级衍射角 θ,将实验数据记录到相应的表格中,并计算出黄光及紫光的波长:

$$\lambda = d \sin \theta$$

光栅常数 d 的值利用实验内容 4 中计算出的数据。

【数据记录与处理】

1. 测量衍射光栅的光栅常数 d（见表28-1）

表28-1 绿光一级谱线的衍射角记录表 $\lambda_{绿}=546.1$nm

	$k=+1$		$k=-1$		$\theta=\frac{1}{4}(|\varphi_1-\varphi_{-1}|+|\varphi_1'-\varphi_{-1}'|)$	平均值 $\bar{\theta}$
	左游标读数 φ_1	右游标读数 φ_1'	左游标读数 φ_{-1}	右游标读数 φ_{-1}'		
1						
2						
3						

利用公式计算光栅常数 d 的值 $d=$ _____ nm。

2. 测量黄光的波长 $\lambda_{黄}$（见表28-2）

表28-2 黄光一级谱线的衍射角记录表

	$k=+1$		$k=-1$		$\theta=\frac{1}{4}(|\varphi_1-\varphi_{-1}|+|\varphi_1'-\varphi_{-1}'|)$	平均值 $\bar{\theta}$
	左游标读数 φ_1	右游标读数 φ_1'	左游标读数 φ_{-1}	右游标读数 φ_{-1}'		
1						
2						
3						

已测得光栅常数 $d=$ _____ nm，由公式计算得 $\lambda_{黄}=$ _____ nm。

3. 测量紫光的波长 $\lambda_{紫}$（见表28-3）

表28-3 紫光一级谱线的衍射角记录表

	$k=+1$		$k=-1$		$\theta=\frac{1}{4}(|\varphi_1-\varphi_{-1}|+|\varphi_1'-\varphi_{-1}'|)$	平均值 $\bar{\theta}$
	左游标读数 φ_1	右游标读数 φ_1'	左游标读数 φ_{-1}	右游标读数 φ_{-1}'		
1						
2						
3						

已测得光栅常数 $d=$ _____，由公式计算得 $\lambda_{紫}=$ _____ nm。

【注意事项】

（1）须在分光计的调节与使用实验之后再做本实验。
（2）注意保护光学器件，特别是光栅。
（3）不得用手触摸光学仪器和光学元件的光学表面，取放光学元件时要小心，只允许接触基座或非光学表面。
（4）调节平行光管时才能打开汞灯，且打开后，不能频繁开关汞灯，以免损坏汞灯。

【思考题】

光栅方程成立的条件是什么？实验中如何满足这个条件？

实验二十九　偏振光的观察与研究

光是横波,它的振动方向与光的传播方向垂直。对光的偏振现象的深入研究不仅使人们加深了对光的传播规律和光与物质相互作用规律的认识,而且在化学、工程学等领域有着广泛的应用。

【实验目的】

(1)观察光的偏振现象,理解偏振光的基本概念,偏振光的起偏与检偏方法。
(2)测量偏振光通过检偏器的光强,验证马吕斯定律。

【实验器材】

偏光旋光实验仪,如图 29-1 所示。

图 29-1　偏光旋光实验仪

【实验原理】

光的偏振性

光是一种电磁波,我们将其中的电场强度 E 的方向表示为光矢量的方向。在与传播方向垂直的平面内,自然光有不同的振动方向,且各方面机会均等。如果某种光的光矢量方向保持在一定的振动方向,这种光就称为平面线偏振光,简称偏振光,如图 29-2 所示。

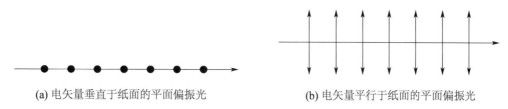

(a) 电矢量垂直于纸面的平面偏振光　　(b) 电矢量平行于纸面的平面偏振光

图 29-2　平面偏振光

普通光源发出的光一般是自然光,自然光没有偏振现象。但自然光可以看成是两个振幅相同、振动方向相互垂直的偏振光的叠加。如果叠加以后,在振动平面上表现出在某个方向的振动强度强于其他方向,这种光就称为部分偏振光。

偏振片:利用某些有机化合物晶体的二向色性可以制成偏振片,偏振片能强烈吸收入射光矢量在某个方向的分量,而允许与其垂直的分量通过,从而使入射的自然光成线偏振光,如图 29-3 所示。

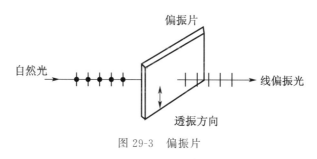

图 29-3　偏振片

偏振片既可以用来使自然光变成平面偏振光,此时称为起偏器;也可以用来鉴别偏振光,此时称为检偏器。实际上起偏器和检偏器是通用的。

将两偏振片平行放置,设两偏振片的透振方向之间的夹角为 α,如果入射到检偏器的光强为 I_0,则透过检偏器偏振光的强度为 I,则 $I = I_0 \cos \alpha$。这是 1808 年马吕斯在实验中发现的,所以称为马吕斯定律。

【实验内容】

1. 偏振光通过半波片现象的观测

将起偏器放在光具座靠近激光器的位置,检偏器放在光具座靠近光电探测器的位置,转动检偏器 360°,能看到几次消光现象?为什么?

2. 验证马吕斯定律

(1) 用专用屏蔽线将实验箱上的"激光器电源"和"光功率计输入"分别连接到"半导体激光器"和"光电探测器上"。

(2) 打开实验箱上的"电源开关",将"光功率计"的量程置于"20 mW"挡,调节实验箱上的"调零"电位器使"光功率计"的显示为零。

(3)如图29-4所示,将半导体激光器、起偏器、光电探测器依次放在光具座上,调节使三者轴心处于同一水平线上,并使激光的光线完全入射到"光电探测器"中,此时光功率计的示数最大。记下起偏器上的角度。

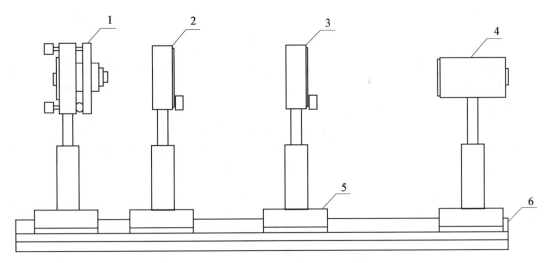

图 29-4 偏振光实验光具座

1—半导体激光器;2—带角度调节的起偏器(偏振片);3—带角度调节的检偏器(偏振片);
4—光电探测器;5—滑块;6—导轨

(4)将"检偏器"放在光具座上,调节"支撑杆"使其与"起偏器"等高。调节"检偏器"上的"角度调节螺母",使"光功率计"的读数最大,并记录下此时"检偏器"的角度 α_0 和"光功率计"的读数 I_0。

(5)调节检偏器的角度,每隔10°记录一次"光功率计"的读数,直到360°为止,并将数据记录在表29-1中。

表29-1中"检偏器"旋转角度为 α,单位为"(°)"。"光功率计"的读数为 I,单位为 mW。I'为理论上透过检偏器的光强。

表 29-1 验证马吕斯定律　　$I_0=$　　　　　　　　　　单位:mV

α	0	10	20	30	40	50	60	70	80
I									
I'									
α	90	100	110	120	130	140	150	160	170
I									
I'									

续表

α	180	190	200	210	220	230	240	250	260
I									
I'									
α	270	280	290	300	310	320	330	340	350
I									
I'									

【注意事项】

(1) 不要用眼睛直接观察激光束；也不要将激光直接入射探测器。

(2) 测量旋光度时要向同一个方向缓慢旋转角度调节螺母，要记录检偏器初、末两个值。

【思考题】

(1) 为什么要调节半导体激光器、起偏器、光电探测器三者轴心处于同一水平线上？

(2) 旋转检偏器一周能观察到什么现象？为什么？

实验三十　物质旋光性的研究

　　1811 年,阿喇果在研究石英晶体的双折射特性时首次发现:一束线偏振光沿石英晶体的光轴方向传播时,其振动方向会相对原方向转过一个角度,这就是旋光现象,也即旋光效应。大约在同时毕奥在多种自然物质的蒸气和液态情况下也观察到了同样的现象,同时他还发现了左旋和右旋两种旋光现象。偏振光通过某些晶体或物质的溶液时,其振动方向发生旋转的现象,称为旋光现象。具有旋光性的晶体或溶液称为旋光物质。
　　常见的旋光物质有石英晶体、糖溶液等。在本实验中,利用偏光旋光实验仪对葡萄糖溶液的旋光特性进行测量,求出不同浓度材料的旋光度。

【实验目的】

(1)观察旋光现象,了解旋光物质的旋光性质。
(2)测定糖溶液的浓度和旋光度的关系。

【实验器材】

偏光旋光实验仪,如图 30-1 所示。

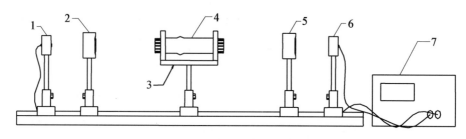

图 30-1　偏振光旋光实验仪
1—半导体激光器(波长 λ=650 nm);2—起偏器及转盘 P_1;3—样品管调节架;
4—样品试管;5—检偏器及转盘;6—光强探测器(硅光电池 T);7—光功率计

【实验原理】

　　平面偏振光在某些材料内沿光轴方向传播时,但透射光的振动方向对于原入射光的振动方向旋转了一定角度,这种现象称为旋光现象,能使振动方向旋转的物质称为旋光性物质。石英晶体、糖溶液、酒石酸溶液等都是旋光性较强的物质。当迎着光的传播方向观察时,使振动面沿顺时针方向旋转的物质称为右旋物质;使振动方向沿逆时针方向旋转的物质称为左旋物质。实验表明,振动方向旋转的角度 φ 与其所通过旋光性物质的厚度成正比。若为溶液,又正比于溶液的质量浓度 c,此外,旋光度还与入射光波长及溶液温度等有关。对溶液来说,振动方向的旋转角为

$$\varphi = \rho l c$$

式中,l 是以分米(dm)为单位的液柱长;c 为溶液的质量浓度,代表每立方厘米溶液中所含溶质的质量(质量以 g 为单位);ρ 为物质的旋光率,它在数值上等于偏振光通过 1 dm 长的液柱在 1 cm^3 溶液中含有 1 g 旋光物质时所产生的旋转角。葡萄糖溶液在 20 ℃时,对于激光,$\rho = 41.89° \ cm^3/dm \cdot g$。因此,若测出葡萄糖溶液的旋光角度 φ 和液柱长 l,即可求出葡萄糖溶液的质量浓度 c。

如果已知待测溶液浓度和液柱长度,只要测出振动面的旋转角就可以计算出旋光率,如图 30-2 所示。如果已知液柱长度为固定值,可依次改变溶液的浓度,就可以测得相应振动面的旋转角。作出旋光角度与浓度的关系直线,从直线斜率、液柱长度及溶液浓度,可计算出该物质的旋光率。同样,也可以测量旋光性溶液的旋光角度,确定溶液的浓度。

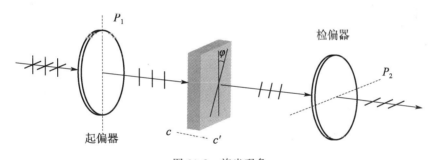

图 30-2 旋光现象

【实验内容】

测定糖溶液的旋光率

(1)在光具座上先将半导体激光器发出的激光束与起偏器、光功率计探头调节成等高同轴。调节起偏器转盘,使输出偏振光最强。再将检偏器放在光具座的滑块上,使检偏器与起偏器等高同轴(检偏器与起偏器平行)。调节检偏器转盘使从检偏器输出光强为零(如调不到零,则应调到最小),此时检偏器的透光轴与起偏器的透光轴相互垂直,继续调节检偏器转盘,使从检偏器输出光强再次为零或者最小,分别读出这两次光强为零时检偏器转盘的读数,应该相差 180°。

(2)将样品管(内有葡萄糖溶液)放于支架上,用白纸片探测偏振光入射至样品管的光点和从样品管出射光点形状是否相同,以检验玻璃样品管是否与激光束等高同轴。调节检偏器转盘,观察葡萄糖溶液的旋光特性。

(3)取下旋光管,调节检偏器角度调节螺母,使光功率计读数最小,将装有纯水的旋光管放在支架上,观察光功率计读数有何变化,再仔细调节检偏器角度使检偏器出射光最暗。记下此时检偏器的角度 φ_0,将已经配置好的浓度为 5% 的葡萄糖溶液的旋光管放到样品架上,调节检偏器角度调节螺母,使光功率计读数最小,记下此时检偏器的角度 φ_1,测出不同浓度糖溶液的振动面旋光角度 $\varphi = \varphi_1 - \varphi_0$,各测量 6 次,并将测量数据填入表 30-1,并同时记录环境温度 T 和激光波长 λ。

表 30-1 测葡萄糖溶液的旋光率　　　$T=$ _____ ℃　$\lambda=$ _____ nm

浓度 C \ 测量角度	旋光角度 φ						旋光角度平均值 $\bar{\varphi}$
	1	2	3	4	5	6	
0%							
5%							
10%							
15%							
20%							
25%							
30%							

(4)重复步骤(3),依次测量浓度为 10%、15%、20%、25%、30% 的葡萄糖溶液的旋光角度。根据 $\rho = \varphi/(lC)$ 计算旋光率(这里 $l = 1$ dm)。

(5)测出未知浓度的葡萄糖溶液样品的旋光角度,再根据旋光率确定其浓度。

【注意事项】

(1)不要用眼睛直接观察激光束。
(2)测量旋光角度时,要缓慢向同一个方向旋转检偏器,要记录检偏器初、末两个值。

【思考题】

(1)什么是旋光现象?物质的旋光度与哪些因素有关?物质的旋光率怎么定义?
(2)如何用实验的方法确定旋光物质是左旋还是右旋?
(3)为何用检偏器透过光强为零(消光)的位置来测量旋光角度,而不用检偏器透过光强为最大值(P_1 和 P_2 透光轴平行)位置测定旋光角度?

第四章 模拟实验

对不易实现或有危险的实验场合，避开客观实体，建立一个与研究对象相似的模型，以研究这个模型的性质去推测真实物体的性质，这就是模拟实验。根据研究对象的物理性质建立一个数学模型，编写程序输入计算机，运行这些程序，让显示的结果与真实物质的性质对应，这就是仿真实验。麻省理工学院的电磁学公开课件以动画的形式生动地描绘了带电粒子相互作用、电磁场、电磁感应等现象，还利用JAVA语言简洁和强大的屏幕表现功能的特点，给出了友好的实验界面。人们可以主动设置不同的参数运行这些程序得到不同的结果。根据共享版权协议我们翻译整理了19个课件并应用到大学的物理教学中，作为《电磁学远程模拟实验》移植到郑州科技学院的实验平台里，这是河南广播电视大学首先翻译引进，根据我们的教学需要重新编排的，可以从 http://asp.open.ha.cn/ycmn/ 中见到。以下三个实验题目中的所有内容均取自这个《电磁学远程模拟实验》，网页上还有内容简介和操作说明。

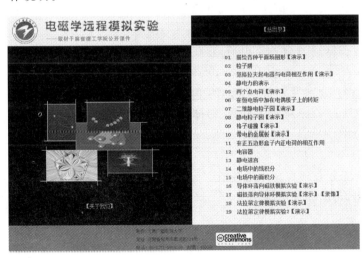

实验三十一　描绘电场或磁场的纹理图形

【实验目的】

认识各种典型的电磁场的纹理图形。学会通过输入场的分量表达式来得到复杂(这里是三个点电荷)电场的二维"草籽表达"图形。

原理及操作说明

用撒在电场中的草籽形成的图案描绘电场,用撒在磁场中的铁屑形成的图案描绘磁场,这就是电磁场的"草籽表示"或"铁屑表示",统称纹理图形。纹理表达的力线不标明方向,因而有较强的通用性。类似的画法不仅适用于力线,还可用于等位线。与力线正交的纹理表达是等位线,但是用纹理表达时它们无法在同一图中出现。电磁场是矢量场,我们容易从纹理中看出场的指向和相对的强度关系。用这些纹理表达的场图形美观生动,容易用计算机制作。

打开《电磁学远程模拟实验》中的"描绘各种平面场图形"程序后只要分别输入电磁场在 x 和 y 方向的解析表式式,程序就能根据需要自动作出电磁场的纹理图形。图形的大小在 $0\sim 8$ 的范围间可调,场的中心点也可以根据需要调整。

例如,设在坐标点 (a,b) 处有一电量为 Q 的点电荷,它在平面上的电场 E 为

$$E = kQ[(x-a)\boldsymbol{i} + (y-b)\boldsymbol{j}]/[(x-a)^2 + (y-b)^2]^{1.5}$$

式中,k 为比例系数,令它为 1;i 和 j 分别为 x 和 y 方向的单位矢量,表达式写成一行是为了便于计算机输入,令 $G(x,y)$ 和 $H(x,y)$ 分别是 x、y 两个方向的分量,得到:

$$G(x,y) = (x-a)/[(x-a)^2 + (y-b)^2]^{1.5}$$
$$H(x,y) = (y-b)/[(x-a)^2 + (y-b)^2]^{1.5}$$

带入时要注意,式中 x、y 为变量,a、b 必须为具体的数值。

对于多个点电荷建立的电场,可由叠加原理得出:

$$\boldsymbol{E} = \sum \boldsymbol{E}_i = \sum q_i / R_i^3 \boldsymbol{R}_i$$

其中单个电荷的电场:

$$\boldsymbol{E}_i = [(x-a_i)\boldsymbol{i} + (y-b_i)\boldsymbol{j}]/[(x-a_i)^2 + (y-b_i)^2]^{1.5}$$

注意其中:x、y 为任意位置的坐标,是变量,而 a_i、b_i 为第 i 个电荷的坐标,是具体的数值。有了点电荷和叠加原理,原则上就可以作出任意电荷的电场。

程序中预设了一些常见的 Field Examples (电磁)场的例子,它们是:

Two point charges 两个点电荷的电场

Point charge in a constant field 在恒场下的点电荷的电场

Dipole in no field 无外场下的偶极子的电场

Dipole in constant field 恒场下的偶极子的电场

Dipole in a field with gradient 在梯度场下的偶极子的电场

Two line currents 两载流导线的磁场

No circulation,many sources 多源,但没有循环的场

No sources,lost of circulation 无源又无循环的场

Radiation Dipole 偶极子辐射的电场

Swirl 涡漩场

Weird field 怪异场

设计者鼓励大家利用这个程序自己创作表达简洁又有实际意义的美丽图形,给出了两个获胜学生(Contest Winners)的作品。

实验内容

(1) 从程序预设的例子中观看有无恒外场作用时点电荷的电场与偶极子的电场,并从表达式与图形两个方面来比较两者的异同。

(2) 从无外场作用的偶极子电场出发,先在它表达式的 x 分量下加上 0.01,再在 y 分量下减去 0.01,观察会得到什么结果。

(3) 在直角边为 4 的等边直角三角形的三个顶点分别放置电量为 .1,—.2,.3 的三个点电荷,作出该电场的图形[三个定点的坐标可以自行设置,例如,可以是 (0,2),(0,−2),(4,−2),也可以是 (0,2),(0,−2),(4,2) 或 (−2,2),(−2,−2),(2,−2) 等],如图 31-1 所示。在所得结果的基础上,再加上强度为 0.02 的恒外场作图,并说明这时恒外场的方向。

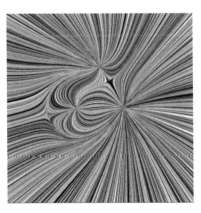

图 31-1 三个不同点电荷的电场

(4)设 $g(x,y)=\sin x, h(x,y)=\cos y$,记录这个电场的"草籽表示"和等位线图,想一想这对应于哪种状态的微观表示?

学生实验报告

姓名:　　　　班级:　　　　实验时间:

学号:　　　　电子信箱:

实验四　描绘电场和磁场的纹理图形

记录实验条件:

硬件条件:所用计算机的基本配置

软件条件:你登录的网站(因特网或局域网)域名

描叙实验内容并记录观察到的现象(抓图):

添加两个常数项后偶极子的电场,并加以说明。

外场下三个点电荷的电场。

正弦和余弦函数表示的场。

回答问题:

1. 对任意电场,如果我们在它表达式的 x 分量下加上一个常数 a,再在 y 分量下减去同样的常数 a,请问在得到的新场中两者的作用抵消了吗?如果没有抵消,新增加的场的大小和方向如何?

2. 在两个坐标方向分别用正弦和余弦函数表示的场,可以代表一种什么物理现象?

实验三十二　电磁感应现象

打开《电磁学远程模拟实验》可以找到对应远程模拟实验,扫描二维码可以看到对应录像或演示。

一、磁铁穿过铜环下落(实验录像)(见图 32-1)

图 32-1

从录像可见,磁铁在穿过铜环下落的过程中速度会变慢,会在铜环上下的位置逗留一会。这是由于电磁阻尼的作用,铜环切割磁力线产生感应电动势,感应电动势在环内产生感应电流,感应电流产生的磁场抵消外部磁场的变化所致。这个铜环很厚实并且是置于很低的温度下的,可见环电阻极小,相应的感应电流很大。以下是针对这一现象的模拟实验。

二、磁铁落向铜环模拟实验(见图 32-2)

这是描绘磁铁在重力作用下下落,从铜环中穿过的现象,同时揭示对应物理量之间的对应关系的模拟实验。这里环电阻在 0~20 之间磁铁的强度在 0~2 之间可调。选取不同的参数搭配可以得到不同的情况。从电流的变化来看,大体上可以分为略受阻碍下降、震荡下降和磁悬浮三种状态。请分别调出这三种状态,写出你设置的参数和图形(可屏幕抓图,也可手画),见表 32-1。

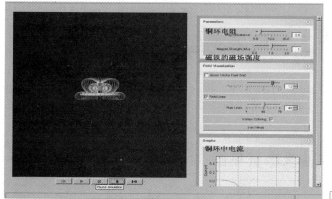 

[演示]

图 32-2

表 32-1

	铜环电阻	磁铁强度	电流图形
略受阻碍下降			
震荡下降			
磁悬浮			

用实验来决定产生磁悬浮的条件:铜环电阻要如何选取？同时磁铁强度要满足什么条件？

三、线圈落向磁铁模拟实验(见图 32-3)

原理与上面实验相似,这里环电阻(0～10)和磁铁的强度(0～4)可调。选取不同的参数搭配可以得到不同的情况,从电流的变化来看,同样可以分为略受阻碍下降、震荡下降和磁悬浮三种状态。请分别调出这三种状态,写出你选取的参数和得到的图形(可屏幕抓图,也可手画),见表 32-2。

表 32-2

	铜环电阻	磁铁强度	电流图形
略受阻碍下降			
震荡下降			
磁悬浮			

用实验来决定产生磁悬浮的条件,回答铜环电阻要如何选取？同时磁铁强度要满足什么条件？

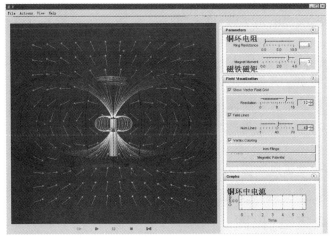 

[演示]

图 32-3

四、磁铁和铜环相对运动(平动)模拟实验(见图 32-4)

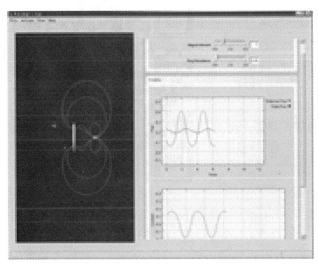 

[演示]

图 32-4

　　本实验实时描绘在外力作用下磁铁与线圈水平相对运动时,外部磁通、总磁通和感应电流相对于时间的变化关系。由于有感应电流,总磁通总是落后于外部磁通,落后的程度由感应电流的大小决定。有自动与手动两种模式。铜环电阻在 0～5 的范围内可调,磁矩在 0～4 的范围内可调。

　　在自动模式下,外力拖动磁铁周期性穿过铜环,环电流通过环的外部磁通量和总磁通量都以相同的周期变化。人为地改变磁铁强度及环电阻,对应变化的波形、幅度和相位均会有变化。改变铜环电阻看外部磁通、总磁通和感应电流相对于时间的变化关系；加大磁矩，看外部磁通、总磁通和感应电流有何变化；令环电阻为零，即在超导状态下，看外部磁通、总磁通和感应电流有什么新的特点。

在手动模式下（分别用鼠标拉动铜环或磁铁）重复以上的参数变化看得到什么图形，观察总磁通落后的表现。

在手动模式下，令铜环电阻为零，拉动铜环或磁铁运动然后静止看超导现象。观察外部磁通、总磁通和感应电流这时各为多少，是否有变化？图中的什么现象说明没有相对运动仍然有感应电流？

屏幕抓图，并标明这时的外部磁通、总磁通和感应电流的图形对应于什么参数（电阻和磁矩）。

五、铜环在磁场中旋转模拟实验（见图 32-5）

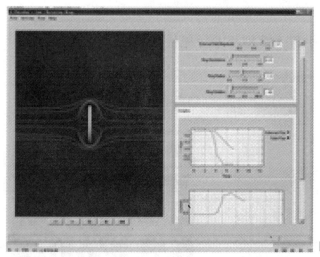

[演示]

图 32-5

本实验实时描绘磁场中线圈旋转和半径改变时，外部磁通、总磁通和感应电流相对于时间的变化关系。外磁场的变化范围为 $-2\sim2$，铜环电阻的变化范围为 $0\sim5$，铜环半径的变化范围是 $0.5\sim2.5$，铜环旋转的范围是 $-90°\sim90°$。用鼠标拖曳或在对应栏输入数字可完成设定。另外，参照以上实验的设置，在旋转或半径收缩与膨胀中观察看外部磁通、总磁通和感应电流随时间的变化。

实验三十三 一组电磁学远程模拟实验

打开《电磁学远程模拟实验》可以找到对应远程模拟实验,扫描二维码可以看到对应演示。

一、范格拉夫起电器模拟实验(见图 33-1)

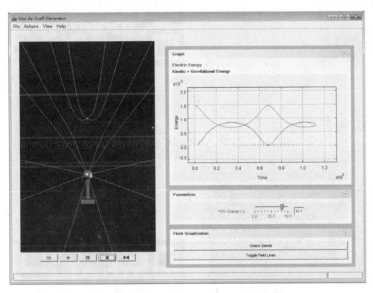

图 33-1

这是一个带电粒子在电场和重力场作用下相互作用的模拟实验。范格拉夫起电器(图 33-1 中被支架固定的大金属球)的电量可以通过拖动滑块连续调节(0~50),电量大时带正电的黄色小球被顶起,顶到一定程度后由于重力的作用又会落下。左边描绘了运动状态的变化,右边图中模拟演示了范格拉夫起电器电量较大时小球的能量变化,蓝色线实时表示黄色小球重力势能的变化,红色线则是静电能的变化曲线。

二、两个点电荷的相互作用模拟实验(见图 33-2)

这是描绘两个带电粒子相互作用的模拟实验,拖动右上方的滑块可以设置两粒子的电量,数值从 -5~5。电力线的数量从 0~16 任选。粒子的位置也可以用鼠标单击拖曳到任意地方。参数设置完毕,单击运行按钮就可以看到两个任意点电荷粒子之后的运动状态和对应电场的变化。

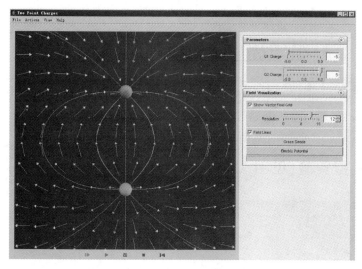 

图 33-2

三、静电粒子园模拟实验(见图 33-3)

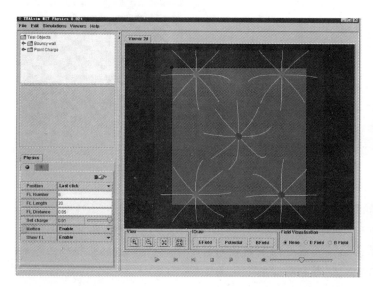 

图 33-3

这是可以演示多个二维带电粒子运动状态的模拟实验。开始时有 3 正(红色)2 负(蓝色)5 个粒子,单击运行按钮它们就在静电力的作用下互相作用。为了更接近实际状况,程序中还设置了挨近后相互排斥的泡利力及一定的阻尼。用鼠标单击可以拖动粒子、增减粒子,还可以精细地改变每个粒子的电量。可以演示一群带电粒子的移动、震荡以及趋向平衡的过程。

四、格子碰撞模拟实验（见图 33-4）

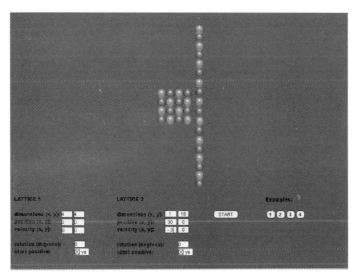

图 33-4

任意设置两个几行几列的正负粒子块，让它们以某个速度对撞，看碰撞以后分散开来的运动状况对我们认识物质结构是很有启迪的。

五、模拟带电金属板模拟实验（见图 33-5）

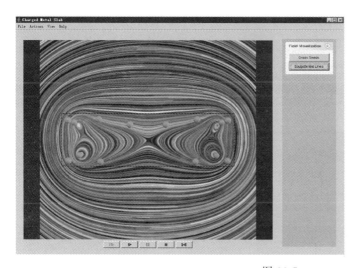

图 33-5

都知道金属中的自由电子互相排斥趋向表面。将若干电子放到矩形金属中电子将如何运动？平衡后电子如何分布？形成的电场是什么样？运行这个模拟实验可以开阔你的视野。